工序步驟 SOP×Check List

裝修
監工驗收
一本通

i 室設圈｜漂亮家居編輯部

CONTENTS

Chapter 03 | 施工階段

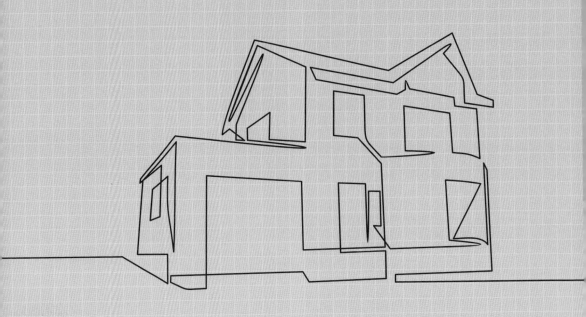

Chapter 01

計劃階段

Part 1
了解裝修流程與估算時間

　　了解裝修流程能協助設計師進行專業規劃與精準安排，充分了解每個階段的次序和時間需求，有助於合理安排工作進度，確保工程高效順利進行。另外，事先解決潛在問題也極為重要。透過對裝修流程的了解，設計師能預先找出可能出現的問題或挑戰，並制定應對策略，進而避免工程延誤與不必要的麻煩。準確估算裝修所需時間和成本也很重要，不僅有助於制定合理的預算和時程，確保工程能在業主預期的時間範圍內完成。優化資源分配也是不可忽視的一環。識別裝修流程中的關鍵步驟可以幫助設計師優化資源分配，合理安排人力、材料和設備，提高資源利用率，降低不必要的浪費。

　　一般裝修流程可大略分成：保護、拆除、金屬門窗、水電管線、空調、泥作、木作、油漆、玻璃、清潔等工項。完工後才可進行後續軟裝工程，如窗簾、傢具等設備進場。下方列出從申請室內裝修業登記許可到拆除的工序與步驟，供讀者參考：

裝修流程步驟

STEP 01
規劃設計，並依相關規定進行相關申請手續，如申請室內裝修許可證等。

▼

STEP 02
拆除工程拆除不必要隔間、原有設備及清理。

▼

STEP 03
放樣工程拉基準線及標示隔間位置，建立後續所有工程的位置基礎。

▼

STEP 04
金屬門窗工程裝設門窗框，待泥作進場將窗體與牆體縫隙填滿抹平。

▼

STEP 05
空調工程室內送風機與主機風管、排水管管路配置位置確認。

▼

STEP 06
水電工程冷熱水管及排水配管、開關及迴路電線、總配電盤調整。

▼

STEP 07
基礎泥作工程水電管線完成面覆蓋，如為磚牆，打底、防水、試水測漏完成後壁面貼磁磚。

▼

STEP 08
壁面磁磚鋪設完成後，進行地面磁磚的鋪設，完成後保護，避免地面材料因撞擊破損。

▼

STEP 09
進行木作或施作輕隔間，配合線路封板，完成後進行天花板工程。

▼

STEP 10
木作櫃體工程進行櫃體施作，安裝相關層板、門片及其對應五金。

▼

STEP 11
塗裝工程牆面及天花板、木作傢具批土研磨及塗裝噴漆。

▼

STEP 12 玻璃工程及軟裝等防止被塗料髒汙沾附,最後才進行裝設。

▼

STEP 13 清潔工程全室廢棄物清理運棄;櫃內及地面材料(保護處理)等清潔、擦拭作業。

▼

STEP 14 竣工查驗。

依施工項目評估裝修時間

　　施工之前,在簽約備忘錄或洽談備忘錄時,建議將口頭約定記錄下來,以避免業主、施工單位或設計師在後期反悔,從而引起不必要的糾紛和不愉快。這些備忘錄可以作為雙方協議的依據,確保項目順利進行。如果選擇以點工點料的方式進行自行採購,那麼時間的安排由業主或工班來協調。必須密切配合工班的施工進度,以確保材料能按時運送到工地。如果因時間配合不當而導致施工進度延遲,業主將要自行承擔損失。因此,良好的協作和時程安排對於施工項目的成功至關重要。

　　工程進行前需要估算室內裝修時間,畢竟裝修時間表的合理規劃對室內裝潢的順利進行相當重要。它不僅可以幫助合理分配時間,順利推進裝修,還可以提高工作效率。此外,裝修流程時間表的估算涉及多個因素,包括設計案的大小、複雜度、預算、人力資源和所需材料等。以下列出施工項目與預估坪數以及施工天數,供讀者參考。

項目	施工項目	坪數／人數／天
1	拆除	30～70坪／4～8人／3～6天
2	砌磚	3～20坪／2～4人／1～3天
3	壁面水泥粉刷	20～50坪／2～4人／3～5天
4	門窗防水收邊	20～30坪／2人／2天
5	貼壁磚	10～20坪／3～5人／2～4天
6	地面磁磚濕式工法	20～30坪／3～5人／2～4天
7	地面磁磚乾式工法	20～25坪／2～4人／3～5天
8	木作天花板（分平鋪和立體）	15～25坪／4～6人／10～20天
9	立木作櫃（分高櫃和矮櫃）	20～30坪／2～4人／0～30天 系統傢具／2～4人／3～5天
10	木作壁板	20～30坪／2～6人／2～5天
11	木作直鋪式地板	20～30坪／2～4人／1～3天
12	木作架高式地板	20～30坪／2～4人／2～4天
13	立金屬門窗	6～15窗／2～4人／1～2天
14	輕鋼架隔間	20～40坪／2～4人／2～3天
15	木作物玻璃固定	2～10窗／2～3人／1～2天
16	油漆（牆面：水泥牆、木板牆、矽酸鈣板）	40～80坪／2～4人／6～10天
17	一對一壁掛空調機	3～6組／2～4人／2～3天
18	隱藏式空調機	3～6組／2～4人／3～5天
19	安裝馬桶	2～4組／1～2人／1～2天
20	安裝嵌入式燈具	20～60個／2～3人／1～2天
21	安裝廚具	210～350cm／2～3人／1～2天
22	安裝浴缸	1～3坪／1～2人／1天
23	貼壁紙	20～120坪／2～4人／2～4天
24	水洗或抿擦細石材	6～20坪／2～6人／1～3天

室內裝修時間表

對於 20 ～ 25 坪的新成屋住宅，如果不使用昂貴且稀有的進口建材，所有裝修工作可以在 2 ～ 3 個月內完成，然而，中古屋或老屋，由於需要進行基礎工程，裝修期至少需要五個月到半年，以改善樓板傾斜、壁癌、鋼筋外露等需要大幅修繕的問題。無論房屋狀況如何，施工時間仍然會依據坪數大小、設計風格及複雜程度來決定，以下提供室內裝修時間表，僅供參考。

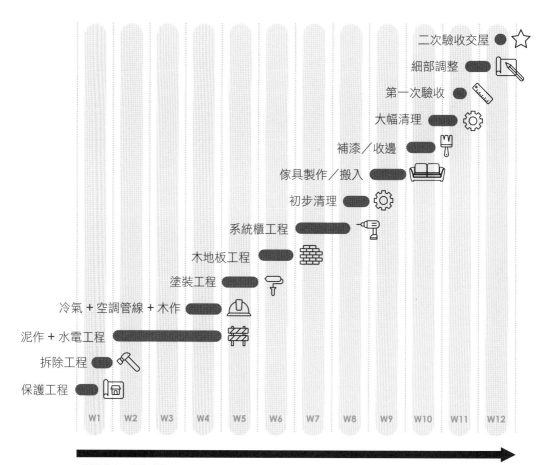

※W 代表一週的時間

Part 2
中古屋 & 老屋裝修

　　一般來說，超過 10 年以上就算是中古屋，而老屋的屋齡可能介於 20 ～ 40 年以上，因此首要考慮的是居住安全。為此，建議全屋更換氣密性和隔音效果不佳的鋁窗。同時，老舊的空間格局通常會造成狹窄和幽暗的問題。在現代人注重生活品質的前提下，在現有的實牆結構皆在安全範圍內且不影響採光通風，拆除所有老舊隔間是很常見的做法。

　　此外，全面更新老屋的水電管線也是不可避免的裝修。老舊的水管容易生鏽、堵塞和漏水，而電線也未必能滿足新式家電的用電需求。因此，在裝修費用中，建議不要忽略這一部分。老屋的裝修預算重點應放在泥作和水電等基礎工程上，至於預算有限的收納木作費用，可以考慮使用系統傢具或現成傢具來取代。

中古屋 & 老屋裝修流程

STEP 01 與設計師討論需求和期望，制定整修計劃。

▼

STEP 02 進行現場勘查，評估老屋狀況，確定需要修復、改造的範疇。

▼

STEP 03 依照規定做相關申請，如室內裝修許可證。

▼

STEP 04 中古屋＆老屋視老舊程度決定拆除工程。

▼

STEP 05 進行中古屋＆老屋結構的修復，包括木材、鋼筋等部分的加固。

▼

STEP 06 檢查基礎和地基，必要時進行修復和加固。

▼

STEP 07 進行基礎工程，像是水電、防水、地板、隔間、天花、空調、門窗、樓梯等工程。

▼

STEP 08 進行裝飾工程，像是塗料、水泥、石材、玻璃等工程。

▼

STEP 09 安裝廚房、浴室、電器設備等。

▼

STEP 10 燈光工程。

▼

STEP 11 全面清潔與檢查，確保一切工程完善。

▼

STEP 12 進行最終的檢查，修正可能存在的問題，準備竣工查驗。

Part 3
新成屋裝修

新成屋的裝潢過程與翻新老屋或毛胚屋截然不同，無需進行大規模的管線改動、壁癌處理或整體更新。新成屋已經包含地板、牆壁和建商提供的衛浴和廚房等基本設施。相較於老屋和毛胚屋，新成屋的基礎工程和裝修工程要少得多，可以根據業主的喜好與意願進行裝潢。

在挑選房子時，需要考慮房內格局和動線是否符合全家的需求，也可以自選喜愛的裝潢物件。這樣做比等到入住後再進行大規模改建更省錢和力氣。新成屋裝修的主要目的是滿足功能需求和打造獨特風格。由於居住環境是全新的，裝修時不一定需要選擇傳統的木作櫃體。若考慮到經濟因素，也可以從系統傢具裝潢入手。

新成屋裝修流程

STEP 01　與設計師討論需求和期望,制定整修計劃。

▼

STEP 02　進行現場勘查,評估現場狀況,確定需要裝潢的範圍。

▼

STEP 03　依照規定做相關申請,如室內裝修許可證。

▼

STEP 04　依照規範及工程狀況進行保護工程。

▼

STEP 05　關閉水、電、瓦斯,封閉排水孔,再做拆除工程。

▼

STEP 06　依照預算、施工時間、隔音好壞等需求,決定隔間材質施作。

▼

STEP 07　進行基礎工程,像是水電、防水、地板、隔間、天花、空調、門窗、樓梯等工程。

▼

STEP 08　進行裝飾工程,像是塗料、石材、玻璃等工程。

▼

STEP 09　安裝廚房、浴室、冷氣等電器設備。

▼

STEP 10　燈光工程。

▼

STEP 11　全面清潔與檢查,確保一切工程完善。

▼

STEP 12　進行最終的檢查,修正可能存在的問題,準備交屋驗收。

全屋裝修流程 Check List

確認	1. 拆除工程
☐	做防護
☐	公告
☐	斷水電
☐	配臨時水電
☐	拆木作
☐	拆泥作
☐	拆窗
☐	拆門
☐	垃圾清除
確認	**2. 砌磚工程**
☐	定基準點，做 1 米水平線
☐	放地線（隔間）
☐	立門窗高度調整
☐	磚淋水
☐	水泥拌合
☐	地面泥漿
☐	植釘、筋
☐	置磚
☐	泥漿清除
☐	放眉樑（門窗部分）
確認	**3. 壁面水泥粉刷**
☐	水泥拌合
☐	貼灰誌
☐	角條
☐	打泥漿底
☐	粗底
☐	刮片修補
☐	粉光

確認	**4. 門窗防水收邊**
☐	泥漿加防水劑拌合
☐	拆臨時固定材
☐	置泥漿
☐	收內角
☐	抹外牆洩水面
確認	**5. 貼壁磚**
☐	放垂直水平線
☐	定高度
☐	貼收邊條
☐	拌貼著劑
☐	貼磚
☐	抹縫
確認	**6. 地面磁磚濕式工法**
☐	地面清潔
☐	地面防水
☐	設水平線
☐	水泥砂拌合
☐	地面水泥漿
☐	水平修整
☐	置水泥砂
☐	置磁磚
☐	敲壓貼合
確認	**7. 地面磁磚乾式工法**
☐	地面清潔
☐	地面防水
☐	設水平線與高度灰誌
☐	水泥砂拌合
☐	地面水泥漿
☐	置水泥砂

☐	試貼磁磚
☐	檢視磁磚底部
☐	修補砂量
☐	置水泥漿
☐	放置磁磚
☐	敲壓貼合
☐	測水平
確認	**8. 木作天花板（分平鋪和立體）**
☐	測水平高度
☐	壁面角材
☐	天花板底角材
☐	立高度角材
☐	釘主料、次料、角材
☐	封底板
確認	**9. 立木作櫃（分高櫃和矮櫃）**
☐	測垂直水平
☐	定水平高度
☐	釘底座
☐	釘立櫃身
☐	做門板、層板、抽屜
☐	貼皮封邊
☐	鎖鉸鏈、層板、滑軌等五金
☐	調整門板
確認	**10. 木作壁板**
☐	立垂直水平線
☐	放線
☐	下底角材
☐	釘底板
☐	貼表面材

確認	11. 木作直鋪式地板
☐	地面清潔
☐	測地面水平高度
☐	置防潮布
☐	固定底板
☐	釘面板
☐	收邊
確認	12. 木作架高式地板
☐	地面清潔
☐	測地面水平高度
☐	置防潮布
☐	固定底角材
☐	置底夾板
☐	釘面材
☐	收邊
確認	13. 立金屬門窗
☐	舊門窗清除
☐	立框
☐	調整水平、垂直後固定
☐	填縫防水收邊
☐	安裝門片或窗片
確認	14. 輕鋼架隔間
☐	地壁面放樣、彈線
☐	釘天花、地板底料
☐	立直立架
☐	中間補強料
☐	開門窗口
☐	單面封板
☐	水電配置

☐	置隔音或防火填充材
☐	封板
確認	**15. 安裝玻璃**
☐	確認玻璃樣式、尺寸、厚度
☐	確認安裝物如木作、金屬框架水平垂直面
☐	置放玻璃，依現狀況墊片調整
☐	以收邊條、矽利康等固定
☐	清潔擦拭
確認	**16. 油漆（牆面：水泥牆、木板牆、矽酸鈣板） 防護**
☐	防護
☐	補土
☐	批土
☐	砂磨
☐	底漆
☐	面漆
確認	**17. 壁掛空調**
☐	確認空調機水電位置
☐	冷媒、排水、供電配置
☐	待木作與油漆完成
☐	固定室內機
☐	抽真空、灌冷媒
☐	送電測試
確認	**18. 吊隱式空調**
☐	確認內外機配置位置
☐	固定室內機，冷媒、排水、供電配置
☐	配置風管
☐	待木作與油漆完成，設置出迴風口
☐	置室外機
☐	抽真空加冷媒
☐	送電測試

確認	**19. 安裝馬桶**
☐	對孔距
☐	安裝固定底座
☐	安裝置水箱
☐	進行測試
確認	**20. 安裝嵌入式燈具**
☐	迴路配線
☐	確定孔距
☐	確定天花孔位
☐	挖孔
☐	置燈固定
☐	測試
確認	**21. 安裝廚具**
☐	完成水電位置
☐	貼壁面磁磚
☐	瓦斯抽風口取孔
☐	置放櫃體、固定
☐	鋪檯面
☐	挖水槽
☐	安裝油煙機、水槽、龍頭
☐	門板固定調整
☐	封背牆、踢腳板
☐	完成防水收邊
☐	進行測試
確認	**22. 貼壁紙**
☐	補土、批土磨砂，壁面整平
☐	擦防霉劑或底膠水
☐	放線
☐	貼天花板
☐	壁板

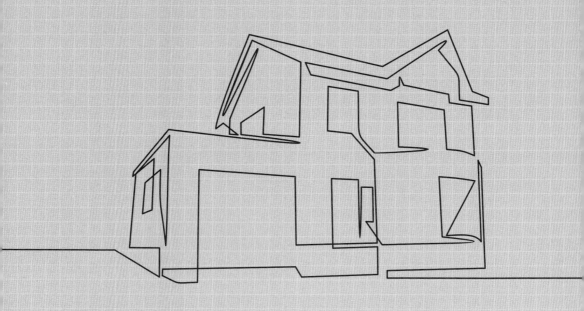

Chapter 02

準備階段

Part 1
看懂裝潢估價單

「裝潢估價單」是在進行家居裝修時非常重要的依據，它能幫助業主了解整個裝修項目的價格和相關細節。估價單上的「單價」，一般有兩種算法，一是單純材料及工資費用（連工帶料），另外一種則是將監工與設計費含在其中，這種算法價格就會比較高，大概會高出 20%。至於「數量」，若業主有疑惑，可要求設計師或工班實際丈量，說明數量的估算方式，即使某些材料有特殊單位，也可當場溝通清楚，避免後續糾紛。另外，估價單所列工程金額小計皆為未稅，還要再加上 5% 營業稅。

在看估價單時，有幾個重點需要特別注意，以確保估價單符合你的需求，避免後續的困擾和爭議。首先，估價單應該包含施作項目、材料規格、施作數量、施作單價、計價單位、施作總價與備註項目。其次，估價單中的材料規格應該詳細列出，包括材料、規格和型號，以及工程中所需物品和數量。

估價單中的計價單位應該是常用的單位，避免使用不同的單位來混淆施作單價。最後，特別注意估價單中的備註項目，確保列舉注意事項或需要另外計費的部分。

室內裝修工程報價單 報價有效期 7 天

業主：＿＿＿＿＿＿＿＿

工程名稱：＿＿＿＿＿＿＿

工程地點：＿＿＿＿＿＿＿

日期：＿＿＿＿＿＿＿

i 室設圈｜漂亮家居室內設計有限公司
地址：台北市民生東路二段 141 號 8 樓
電話：02-2500-7578

項目 Item	名稱 Description	數量 Quantity	單位 Unit	單 價 Price	複 價 Amount
一	基礎工程	數量	單位	單價	$51,500
	玄關貼磚基本以 1.5 坪數計算				
	拆除工程				
1	濕式輕隔間拆除清運 (3 坪內)	1.5	坪	7,400	11,100
2	室內門片拆除 (依圖面標示)	1	式	7,500	7,500
3	濕式輕隔間切除工資	1	式	3,500	3,500
4	拆除廢棄物清運	1	車	7,400	7,400
	泥作工程				
5	地壁水泥粉光修復 (依圖面標示)	1	式	22,000	22,000
	～以下空白～				
二	水電工程	數量	單位	單價	$83,950
	線路太平洋 2.0 ／面板國際星光或同等級				
	網路線太平洋 cat6.0 ／埋壁 6 分 CD 硬管				
1	全室開關迴路延長	9	迴	1,000	9,000
2	全室開關迴路新增或移位	6	迴	2,000	12,000
3	新增 One touch 開關	1	處	9,000	9,000
4	全室插座延長或移位	5	處	1,000	5,000
5	全室新增插座	10	處	1,600	16,000
6	新增 110V 專迴	1	迴	5,300	5,300
7	電視電話網路新增移位	3	處	3,400	10,200
8	消防感知器移位	1	處	650	650
10	打鑿埋管工料	12	米	1,400	16,800
	～以下空白～				

請註明公司地址與聯絡電話，並確定真的有這間公司

項目 Item	名稱 Description	數量 Quantity	單位 Unit	單價 Price	複價 Amount	備註
三	木作工程	數量	單位	單價	$200,045	
	防護及假設工程					
1	公設基本防護兩層 (地板及牆面)	6	坪	1,600	9,600	PVC 白瓦楞板 + 大陸板防護
2	室內門片、廚具及既有門框防護	1	式	3,200	3,200	PVC 白瓦楞板 + 大陸板防護
3	室內地面建商地磚防護	16	坪	550	8,800	PVC 白瓦楞板 + 大陸板防護
4	全室矽利康收尾	1	式	3,200	3,200	
	天花板工程					
5	室內平釘天花板 (3 米內)	6.6	坪	3,700	24,420	日本神島矽酸鈣板 + 永新集成角材
6	室內窗簾盒	24.9	尺	550	13,695	日本神島矽酸鈣板 + 永新集成角材
7	冷媒包樑包管	88.4	尺	550	48,620	日本神島矽酸鈣板 + 永新集成角材
8	天花板結構補強工料	1	處	2,100	2,100	
	隔間牆面					
9	電視牆	11.2	尺	2,000	22,400	單面矽酸鈣板 + 夾板隔間 (H100-240)
10	主臥封板	3.9	尺	2,000	7,800	單面矽酸鈣板 + 夾板隔間 (H100-240)
11	訂製隱藏門片粗底 (含進口五金把手)	2	樘	17,500	35,000	
	木作櫃體					
12	木作中島	3.9	尺	3,900	15,210	
13	其他木作修飾面	1	式	6,000	6,000	

~ 以下空白 ~

確認報價單施作項目

確認報價單中的數量與需求相符

確認報價單中的材料規格詳細列出

確認報價單中的計價單位是常用單位

注意報價單中的備註項目

項目 Item	名稱 Description	數量 Quantity	單位 Unit	單價 Price	複 價 Amount	備 註
四	塗裝工程	數量	單位	單價	$51,500	
	水泥漆					
1	木作天花板批土刷漆	6.6	坪	2,100	13,860	水泥漆
2	窗簾盒 / 冷媒包樑包管批土刷漆	113.3	尺	370	41,921	水泥漆
3	原有天花板刷漆	8.7	坪	850	7,395	水泥漆
4	木作牆面批土刷漆	3.7	坪	1,800	6,660	水泥漆
5	原有牆面刷漆 (局部批)	32.1	坪	900	28,890	水泥漆
6	門框門片烤漆	2	樘	14,300	28,600	
7	木作中島烤漆	1	組	25,000	25,000	
	~ 以下空白 ~					

估價單 Check List

確認	點檢項目
☐	請認明公司地址與聯絡電話。
☐	確認客戶名稱以防設計師拿錯估價單。
☐	「廢棄物拆除清運車」費用常容易被人遺忘,請認明計價方式。
☐	空調裝設、衛浴與廚具、燈具安裝與系統櫃安裝等通常需要另外計價。
☐	木作與泥作工程報價皆為含工帶料。
☐	請確認數量。
☐	不同工程進行有不一樣的單位計算,請清楚知道計價單位及方式。
☐	清潔費為工程完成後之必要支出費用。

Part 2
認識監工圖與工具

專業諮詢暨圖片提供 _ 隱作設計

　　在監工的工作中，有幾個不可或缺的要素，其中包括設計圖面和各種工具。設計圖面是非常重要的，主要分為幾種類型。首先是平面圖與 3D 圖，透過這類圖面，可以清楚呈現空間整體的配置，包括牆壁、傢具、傢飾等主要元素的位置安排。接著是立面圖，它描述了牆壁、天花板、地板等垂直表面的設計和裝修細節。另外還有剖面圖，透過這種圖示可以清晰展示空間的垂直切面，呈現空間的高度、層次和材料選擇。最後則是詳細施工圖，它具體展示了各個區域的裝修和施工細節，包含尺寸、材料選擇、施工方法等重要資訊。

　　在工具方面，監工需要使用多種工具來進行工作。測量尺、水平尺、角度尺等，用於精確測量空間尺寸並校準位置。其次是電腦軟體，常用的軟體包括 Auto CAD（電腦輔助設計）、SketchUp 等，用於製作和修改設計圖面，提高設計效率。這些工具和圖面對於監工過程來說至關重要，並能確保施工過程符合設計要求。

監工圖面

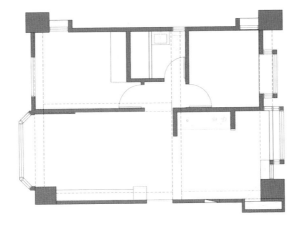

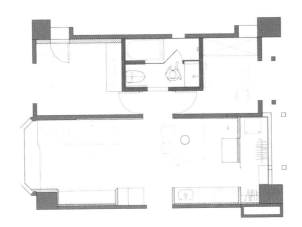

| 平面配置圖
重點 | 一般都會有原始圖（上）與平面配置圖（下）兩種圖面供對照，即可清楚知道調整的幅度以及事前評估工程的複雜度。 |

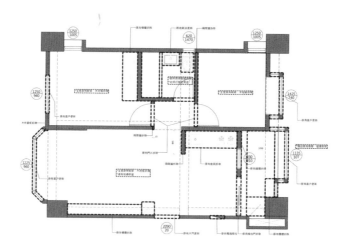

拆除圖重點	拆除區域為框起來的部分，如果是需要注意的尺寸、工法、設備，則會特別標示出來，以避免拆除錯誤，但多數情況還是需要監工者與設計師在現場確認。

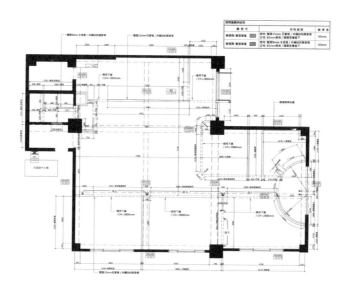

隔間放樣圖重點	標示好未來的磚牆面以及變動的隔間範圍與位置，讓師傅可以按照尺寸施工，設計師也須在現場監工確保施工與圖面相符。

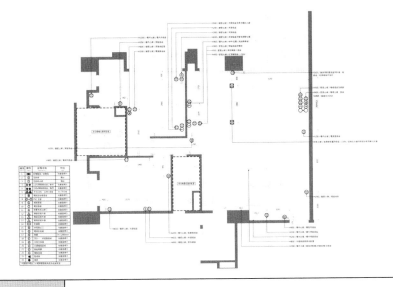

| 機電位置圖重點 | 此圖用來確定主開關位置，標示牆壁出線、預留插座位置依照各空間使用的機能、電壓不同，與家電、傢具配置作為施工參考依據。 |

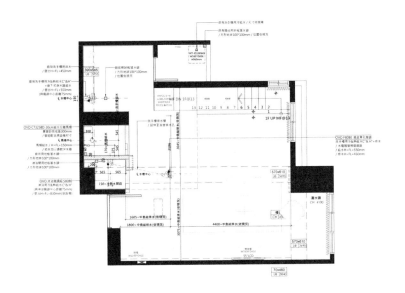

| 給排水圖重點 | 給排水圖分為給水與排水，此圖要特別注意位置、高度、設備尺寸，像是落水頭位置是否會被其他東西阻擋，以及衛浴設備的標示是否正確。 |

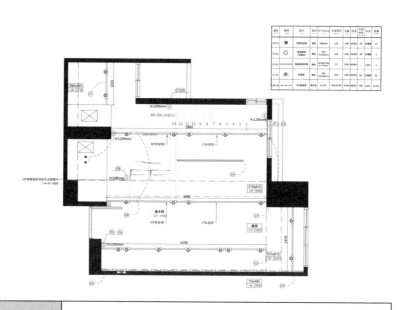

燈具迴路配置圖重點	燈具配置圖通常會與迴路配置圖一起看，特別要注意拉迴路的過程是否正確、沒有遺漏。確認無誤後，水電師傅則會依照燈具配置位置挖孔，後續就能直接安裝燈具。

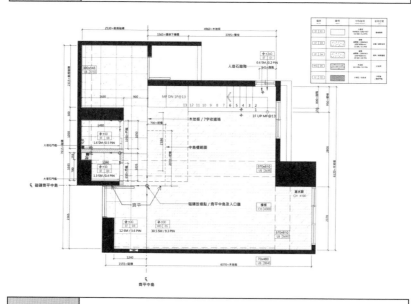

地坪配置圖重點	注意地坪高低差與材質，特別是異材質交界處，收邊使用的材質與位置要標示清楚，以免後續造成施工先後順序的錯亂，或收邊細節不夠美觀。

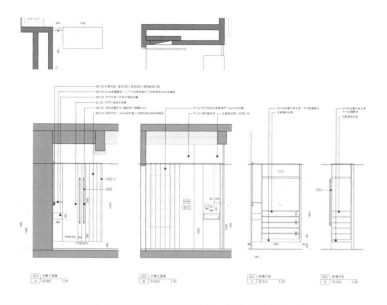

油漆施作圖 重點	透過油漆施作圖清楚說明整體空間呈現的顏色與色澤，因為不同壁面和材質處理的方式也不同，可作為建議上的依據。

3D圖重點	過去多數設計公司會在提案最後階段提供 3D 圖面，但近年來，許多設計公司會在平面與立面圖大致上都確定的時候，就會提供部分 3D 圖，讓業主提前感受空間氛圍。

Part 3
認識常用尺寸換算

　　熟悉常用尺寸換算是一位室內設計師必備的技能。常見的尺寸換算包括長度、寬度、高度等。在設計平面布局時，經常需要將建築平面圖上的尺寸轉換為實際施工所需的尺寸。此外，也可能需要將不同單位的尺寸進行換算，例如從公制單位轉換為英制單位，或者反之。這些換算表讓室內設計師與業主在設計中能夠準確地理解和運用尺寸，確保設計的準確性和符合實際施工的需要。 另外，對於室內設計師來說，了解建材的常見尺寸也是至關重要的。建材的尺寸換算涉及到木材、磁磚、地板等多種材料。舉例來說，進行木作工程，需了解木材的尺寸規格，包括長度、寬度、厚度等。這樣可以確保設計出的傢具符合預期的尺寸標準，而不會因為尺寸不準確而影響整體設計。總而言之，熟練掌握常用尺寸換算對於一位室內設計師來說至關重要，這不僅能夠提高工作效率，還能保證設計的準確性和專業性。

常用尺寸換算表

單位	換算單位 1	換算單位 2	說明
1 吋	2.54cm		金屬工程常見
12 吋	1 呎	30.48cm	金屬工程
1 碼	3 呎	91.44cm	窗簾布、沙發布常用單位
1m	100cm	1000mm	
1 寸	3.02cm		木作工程
10 寸	1 尺	30.2cm	木作工程
1 坪	6×6 尺	180×180cm	1.木工、油漆、壁紙常用單位 2.相當於 2 個榻榻米大小，地板材料、壁面、天花板、油漆都是以「坪」為計算單位
1 坪	3.3 米平方		建築或公共工程用單位，各工項均有
1 才	1×1 尺	30×30cm	玻璃、鋁窗、地毯、大理石常用單位
1 米立方	100×100×100cm		土方、泥作計料
1 米平方	100×100cm		建築計算、各項均有門或窗的計價單位
1 樘			
1 式			單一工程施工，含所有施工範圍、材料
1 車			1.拆除工程的運送費 2.清理工程的運送費

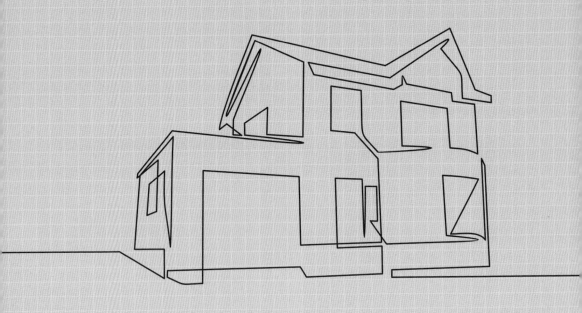

Chapter 03

施工階段

Part 01 保護工程	**Part 11** 衛浴工程
Part 02 拆除工程	**Part 12** 塗裝工程
Part 03 泥作工程	**Part 13** 除濕工程
Part 04 隔間工程	**Part 14** 空調工程
Part 05 水工程	**Part 15** 地暖工程
Part 06 配電工程	**Part 16** 玻璃工程
Part 07 金屬工程	**Part 17** 壁紙工程
Part 08 木作工程	**Part 18** 窗簾工程
Part 09 系統櫃工程	**Part 19** 清潔工程
Part 10 廚房工程	**Part 20** 驗收交屋

Part 1
保護工程

施工之前，施工單位應該向管委會進行裝修申報，並且張貼公告並支付保證金。無論大樓有沒有管委會，都應該禮貌地通知鄰居和住戶。保護工程的範圍包括電梯、樓梯間、通道等公共空間；室內空間則包括地板、廚房用具、浴室和窗戶門框，門框只要不拆卸或移動，都需要進行防護。

在裝修期間，如果發現保護工程出現損壞或翹起，應立即更換，以確保建材不受損害，同時也保障工作人員的安全。保護工程使用到的養生膠帶，有膠膜、紙質材質可選擇，亦有區分室內、戶外使用以及尺寸上的差異，應針對保護項目與用途挑選。油漆前的保護主要是油漆師傅負責施作，舉凡地板、櫃體、傢具和門片、空調等都要保護包覆，另外也要特別注意五金、窗邊的接縫處，是最容易遺漏的區域。地板保護要先鋪一層防潮布，用意在於第二層瓦楞板是塑膠射出成型，如果直接鋪設，空氣中與木屑、粉塵混合之殘膠很可能黏貼在地板上。

保護工程流程

STEP 01 向管委會提出申請並辦理相關手續，如繳納保證金。

▼

STEP 02 禮貌地通知鄰居和住戶。

▼

STEP 03 進行保護工程，包括室內空間及社區要求保護之公共通行區域。

▼

STEP 04 將所有排水孔做好封閉，以免拆除時的工程廢料掉入造成阻塞

▼

STEP 05 地板若要保留繼續使用，應以防潮布、瓦楞板、夾板，或其他替代保護材料包覆好，以防止重物堆壓或顏色滲透。

▼

STEP 06 及時更換受損或凸起的保護工程。

▼

STEP 07 在油漆前保護地板、櫃體、傢具、門片、空調等。

▼

STEP 08 清潔前針對金屬烤漆門片等易刮傷材質，應用保護膜保護。

保護工程 Check List

確認	點檢項目
□	電梯內外皆要做好防護措施，包含電梯門框、周圍壁面。
□	梯間的公共地坪以防潮布、瓦楞板、夾板做好保護，連同送料時會經過的過道也要一併保護。
□	若無地板工程，使用原地材，應以保護材料包覆好，以防止重物堆壓或顏色滲透。
□	木地板再多加一層夾板加強保護，尤其是硬度較差的海島型木地板。
□	檢查木地板保護措施的厚度，是否有鋪上兩層夾板，做到雙層保護。
□	拋光石英磚在轉角處應用角材保護，防止施工中碰撞產生缺角或破裂。
□	廚具檯面、上下櫃體都要妥善包覆，降低因碰撞產生的損傷。
□	浴室內的馬桶、面盆、檯面也要全部做好防護。
□	凸出易受損的衛浴配件，拆下交由業主或設計公司代為保管。
□	將所有排水孔做好封閉，以免拆除時的工程廢料掉入造成阻塞。

Part 2
拆除工程

　　進行拆除工程時，工序的順序至關重要，需要有系統地進行，同時也要隨時根據現場情況靈活調整。傳統拆除為求快速，使用機具人力進行無差別破壞式拆除，衍生拆除廢料混雜無法分類處理相關廢棄物。另外，在施作過程中，也容易致使非預期性之意外損壞。現今環保意識抬頭，拆除後之廢棄物均需分類，視其性質運送不同的廢棄物處理或回收場地。由於分階段進行，現場人員較能檢視發現可能發生之狀況及提醒預防。

　　拆除工程完成後，有兩個關鍵的事項需要進行確認。首先，需要仔細核對估價內容和圖面，特別是要確保分間牆已經被拆除。其次，因原有裝修材常包覆結構，拆除後方能檢視其狀況，拆除工程完成後，應檢視確認建物結構體是否穩固，有無不正常之裂痕。再者，保留分間牆也需確認拆除後之穩固狀況。最後，無論是結構牆或分間牆，拆除完成後均需檢視有無如壁癌、隱藏有風險之管線如瓦斯管等，業主須與裝修公司商討解決方法。

拆除工程流程 ▶

STEP 01 拆除前已做好保護措施，注意減少破壞性的搬運。

▼

STEP 02 拆除前先以防塵網加以阻隔避免汙染外牆，鄰居的區塊也要注意。

▼

STEP 03 關閉消防、給水、電力、瓦斯設備，以防止漏水、觸電或電線走火等意外情況。

▼

STEP 04 在工程安排中先拆除一片門，以保持進出和工地安全的功能。

▼

STEP 05 檢查隔間牆是否已拆除。

▼

STEP 06 請設計師檢視隔間牆和樑柱之間是否有裂縫，有無其他問題。

▼

STEP 07 與設計師討論拆除後發生問題之解決方式。

▼

STEP 08 核對估價內容和圖面是否正確。

拆除天花板順序

關閉消防灑水設備。水設備的高樓層住宅，建議開關、瓦斯開關，如果有灑拆除前一定要先關水、斷電 ▸ 備要先拆下，再拆天花板。嵌裝在天花板上的燈具及設 ▸ 以鐵撬敲破天花板板材。 ▸ 除。將原本固定天花板的角料拆 ▸ 拆除天花板完成。

拆除天花板 Check List

確認	點檢項目
☐	拆除前已做好保護措施，注意減少破壞性的搬運。
☐	特別注意管線，小心不要破壞到灑水頭或消防感應器。
☐	拆除前先以防塵網加以阻隔避免汙染外牆，鄰居的區塊也要注意。
☐	施工時間已避開休息時間以免影響附近安寧。
☐	拆除前一定要先關水、斷電，以免造成漏水、觸電的危險。
☐	拆除後垃圾當天處理，避免堆放在公共空間。

拆除前，確認哪些牆面不是結構牆，不隨意更動結構牆。

▶

避免太大塊不好搬運。隔間，要分次切割再拆除，有開口（如門、窗）的RC

▶

分塊清運。用打石機拆除後推倒牆壁、

▶

拆除磚牆完成。

💬 拆除工程 Tips

拆除工程最重要的是不能破壞樑柱、承重牆、剪力牆等結構，否則造成房屋不穩定而導致坍塌。但如何辨別哪些牆能拆，哪些是結構不能拆？一般來說，紅磚牆或輕隔間牆厚度大約 10cm 左右較沒有結構支撐力，拆除不會有太大的問題，而支撐房屋的結構牆像是剪力牆是絕對不能拆除。基本上，RC牆超過 15cm 以上，而且是 5 號鋼筋就有可能是剪力牆。簡易的判定方法是，從建築藍曬圖面確認結構。

拆除磚牆 Check List

確認	點檢項目
☐	檢視未拆除之磚牆是否有安全倒塌之虞。
☐	拆除前已做好保護措施，注意減少破壞性的搬運。
☐	拆除前先以防塵網加以阻隔避免汙染外牆，鄰居的區塊也要注意。
☐	施工時間已避開休息時間以免影響附近安寧。
☐	拆除前一定要先關水、斷電、開關瓦斯及當戶消防設備，以免造成漏水、觸電擾鄰的危險。
☐	拆除後垃圾當天處理，避免堆放在公共空間。

拆除木質輕隔間順序

拆除前，確認哪些牆面是結構牆，不隨意更動。 ▶ 破壞牆面的表面封板板材。 ▶ 板材拆下。針對交接處破壞，再將整塊 ▶ 木隔間拆除時，可檢視房子是否有白蟻或蛀蟲之狀況發生。 ▶ 拆除、清理。

拆除木質輕隔間 Check List

確認	點檢項目
☐	在規劃施作時間，避開多數人的休息時間。
☐	不隨意更動結構牆。
☐	事前斷水，消防用水需注意總開關並與相關單位協調。
☐	事前斷電，防止拆除時造成人員觸電或電線走火等意外。
☐	檢視房子是否有白蟻或蛀蟲之狀況發生。

拆除水泥輕隔間順序

利用電動鑿子或重鎚開始打除輕隔間牆表面的水泥層、矽酸鈣板與牆內的填充物。

▶

拆除時會利用砂輪機切割骨架後拆除。輕隔間以輕鋼架方式建造，

▶

將廢棄物分類裝進麻布袋，然後交給搬運人員搬運至貨車暫放。

▶

計圖進行拆除。到場驗收，確認是否按照設環境清理完成後，請設計師

▶

確認無誤後，拆除工程完成。

拆除水泥輕隔間 Check List

確認	點檢項目
☐	不隨意更動結構牆。
☐	事前斷水，消防用水需注意總開關並與相關單位協調。
☐	事前斷電，防止拆除時造成人員觸電或電線走火等意外。
☐	在規劃施作時間，避開多數人的休息時間。
☐	符合管委會規定的施工時段。
☐	委託建築師與結構技師到場勘驗結構牆。
☐	向地方政府的建管單位申請變更使用執照。

拆除工程 Check List

確認	點檢項目
☐	拆除前已做好保護措施,注意減少破壞性的搬運。
☐	拆除前先以防塵網加以阻隔避免汙染外牆,鄰居的區塊也要注意。
☐	施工時間已避開休息時間以免影響附近安寧。
☐	拆除前一定要先關水、斷電,以免造成漏水、觸電的危險。
☐	特別注意管線,小心不要破壞到灑水頭或消防感應器,施工應關閉當戶消防設備避免觸發擾鄰,但必須注意現場防火防焰措施。
☐	颱風來時樓面、地面已作好防水處理。
☐	颱風來時排水孔能保持排水順暢。
☐	可用鐵鎚輕敲,有無出現空心的異聲,以確認拆除後之木地板下的磁磚或打底層是否需要拆除。
☐	施工時遇到結構處有立即停工,業主與設計師均須到現場勘查確認。
☐	地板下方藏有水管,拆除前要先斷水,拆除過程中則要小心,避免打破水管。
☐	地磚拆除完後,要再檢查、確定殘留的水泥打底層已清除乾淨。
☐	留意拆除後留下的釘子是否清除乾淨,以免造成施工人員的危險。
☐	若曾經變更過格局,裡面可能藏有不同用途的線路,應特別留意。
☐	若有灑水頭或感應器的天花板,應先破壞其周邊的木板,避免勾扯到造成漏水。
☐	先敲打中間段牆面,讓上方的磚牆自然塌下,可節省拆除時間。
☐	有開口(如門、窗)的 RC 隔間,可分次切割再拆除比較安全。
☐	拆除後垃圾當天處理,避免堆放在公共空間。
☐	使用吊車的操作人員須具專業執照同時注意交通動線。

確認	點檢項目
☐	開挖室內門窗有先切割再拆除。
☐	大面積切割時有分成多個小塊分次切除，開挖地板務必注意載重問題。
☐	由上而下、內而外 、木而土的順序施工如天花板、牆壁再到地板。
☐	地面見底工程須事先做好防水工程避免施工中滲水到樓下。
☐	門窗拆除已將原有的防水填充層清除乾淨，避免影響新門窗尺寸、新防水無法改善。
☐	管道間牆面要特別留意是否有水泥或磁磚掉落掉落物。
☐	踢腳板拆除前釘子是否確實拔除全室都要一致。
☐	石材磁磚類壁面打到見底。
☐	外牆鷹架作好防護與防塵符合勞安衛相關規定執行。
☐	外牆鷹架有掛警告燈具。

Part 3
泥作工程

泥作工程的範疇非常廣泛。只要牽涉到水泥和砂的工程，都可以歸入泥作工程的範疇。這包括大規模的工程，如砌磚牆、打底、粉光和貼磁磚，也包括小規模的局部修補等。無論大小，泥作工程都與工程的美觀與穩固息息相關。其中，防水是泥作工程的重要步驟之一，即便沒有涉及水泥和砂，也必須認真執行。防水必須與泥作配合進行，牆面和地面都需要經過仔細整平，牆面在初胚打底後才能進行防水漆的塗裝，地面則需要在拆除水電配管和進行泥作洩水坡度打底後，才能塗上防水漆。泥作工程讓空間煥然一新，從塗上打底層開始，填補表面的坑洞和不平整，再經由粉光進行更為細緻的瑕疵修飾，為空間打好基底，讓之後的塗裝工程、貼磁磚工程和裝潢設計等能順利進行，呈現出良好的效果和質感。正因為泥作在裝修流程中占據如此重要的地位，施工品質更需要被嚴格要求。必須打好基礎，後續工程才能按部就班地完成。以下將介紹基礎泥作、水泥粉光、磁磚地面、磁磚壁面、石材地面……的流程與簡介。

基礎防水

　　基礎防水不同於衛浴防水，是指公共區域和臥房地坪在施作面材之前，先以彈性水泥進行簡易基礎防水，以原磁磚面更換磁磚來說，一般會拆除至 RC 結構、接著打管槽配管，在配管過程中有可能因為震動造成 RC 結構層產生微細裂縫，若後續又是鋪設磁磚，施工法本身含大量水分，很容易因為大面積鋪設而發生滲透到樓下的情況，在此情況下，建議還是先做一層基礎防水。另一種情形是，如果原先木地板地坪狀況不佳，如遇有凹凸面、傾斜面，但後續仍要鋪木地板，同時也可能必須跟其他區域的磁磚面接平，此時則建議先拆除舊木地板、待配管完成且管溝修補後，同時做一層基礎防水，再接續水泥粉光打底鋪設新材料。

基礎防水流程

拆除原有地坪。

▼

素地整理，清除粉塵、碎石。

▼

地坪拆除後先進行管線鋪設工序，同時也要修補管溝。

▼

將彈性水泥潑灑於地面上，以掃帚輔助將彈性水泥均勻分布於地面上，作為基礎防水。

基礎防水 Check List

確認	點檢項目
☐	若管溝邊孔隙範圍太大，應用水泥砂漿填補。
☐	禁止踩踏，彈性水泥塗布後，需等待一天才能達到基礎的保護層。

粗胚打底

又稱「打粗底」簡稱打底，去除原本地壁磚後，會以水泥砂漿補，將原本凹凸不平的地壁面整平的基礎工程，另外包括新砌磚牆或是混凝土建築也都需要先進行粗胚打底動作，才能進行後續的粉光。粗胚打底一般依照「先壁後地」的施作順序，但兩者可以安排在同一天進行。打底前一定要先用「土膏」和轉角條設定基礎線，少了這一步，做出來的打底層變得水平、垂直不均，會使牆面不平整，還會造成跟門片之間的縫隙大小不同，看起來不美觀，也會影響粉光步驟的品質。

粗胚打底流程

STEP 01　製作粗胚的水泥砂漿，將砂：水泥以 3：1 的比例攪拌均勻，水灰比依砂漿的乾濕度現場微調。

▼

STEP 02　以水平儀和尼龍線拉出水平和垂直參考線。

STEP 03　利用土膏將小磁磚或灰誌黏於壁面，做出厚度定位。

▼

STEP 04　用砂漿和角條（條仔）劃出窗框、四邊轉角處的邊界，確保轉角切面的平直性，做出直角。

▼

STEP 05　（作法 A）磚牆澆水（作法 B）磚牆噴塗接著劑。

▼

STEP 06　待灰誌和角條的土膏乾固後，用抹刀將水泥砂漿塗抹在牆面上，厚度須將灰誌覆蓋。

▼

STEP 07 以線尺（尺仔）將泥料表面刮平至可見灰誌邊緣，不平處重複上料和刮平的動作，直至完全平整、不可有波浪狀。

 STEP 08 等待砂漿乾燥前用押尺做最後的刮除整平。

 STEP 09 使用木鏝刀或膠抹刀在砂漿牆面做細微坑洞的修飾。

 STEP 10 打底完成後，需等待 2～3 天乾燥，再進行下一道工程。

💬 **粗胚打底 Tips**

有些老屋的舊有牆面從垂直面看過去可能是斜的，因此可透過打底的程序將牆面整平，設置基準線時用雷射儀打出預計施作的厚度，若牆面呈現波浪狀，從最凸處再加上 1cm 厚為基準，讓牆面平整。

粗胚打底 Check List

確認	點檢項目
☐	灰誌是上粗胚時，整平壁面的重要依據。
☐	黏貼灰誌的技巧，是依照雷射儀打出來的垂直線，定位垂直面的灰誌點，一般押尺是 210cm、7 尺，因此必須要在 210cm 之內設置灰誌，將四個點基準先抓出來。
☐	塗抹水泥砂漿時，應以一個面為一個單位，否則師傅用刮尺整平水泥砂漿的時候，可能會刮不動或是造成底層塊狀剝落。
☐	如果是衛浴或陽台地面打底，記得要一併施作洩水坡度。
☐	打底，是為了讓原本粗糙凹凸不平的磚面變得平整，因此在施作時最需注意平整度，施作越平越仔細，後續的粉光或油漆就能更省力。
☐	牆面厚度需和灰誌最高點一樣厚。

粉光

　　如果牆面後續要塗佈油漆或是貼壁紙，都必須在粗胚打底後進行粉光動作，也就是再上一層更細膩的薄水泥，完成平滑的牆面，以便施作下一道工序。但要提醒，假如原有牆面已有壁癌或是油漆剝落的情況，務必先打除見底後，重新施作粗胚打底再來做粉光。

粉光流程

 STEP 01　將砂過篩，以細砂、水、水泥調配成水泥砂漿。

▼

 STEP 02　用鏝刀將調配好的水泥砂漿均勻地塗抹在粗胚打底完成後的磚牆上，厚度約 2 ～ 3mm。

> 💬 **粉光 Tips**
> 市面上也有現成的乾拌水泥砂，只要加水就可以使用，更加方便快速。

粉光 Check List

確認	點檢項目
☐	粉光時先將砂子過篩，過濾掉較大的砂和雜質，粉光後的牆面才會平整，沙子越細的話，粉光才會越細緻光滑。
☐	水泥砂將為水泥 1：砂 2 比例調配粉光。

水泥粉光

　　水泥粉光，泥作類裝飾材中最基礎的一種工法，原料由水泥、骨料、添加物等依比例混合而成，常見於工業風、Loft 風格等空間之地坪與壁面裝飾。然而，看似簡單的水泥粉光，易受原料品質、空間條件和人工經驗等因素影響，呈現不同色澤和手感紋路，稍一不慎，更會出現起砂（粉塵）、裂縫。即使施作良好，基於水泥本身材質的關係，經長期使用仍會有龜裂、變色的情形，乃屬正常現象。建議可在完成面施作保護劑，常見的有潑水劑、硬化劑、水性壓克力樹脂、Epoxy 等，水性壓克力樹脂和 Epoxy 都會改變水泥粉光之色彩，厚度須均勻，否則易有深淺顏色的差異產生。因水泥須採取「陰乾」，水化（硬化）過程更要維持一定濕度，不僅要避免強風或電扇，若空間風量過強或有日光直射問題，都要適當遮擋門窗，確保水分不會太快蒸發，造成水泥強度不佳或裂開，也導致施作環境容易悶熱，尤其炎炎夏季，對於師傅們更是一大考驗。此外，水泥粉光本身有毛細孔，易吃色，若不慎用髒無法以拋磨的方式去除汙漬，局部填補也必有色差，故施工前後都需要保持空間的乾淨，並將完成面包覆保護。

水泥粉光流程 ▶

STEP 01 清潔施工地面的髒汙、油汙等。

▼

STEP 02 粗胚打底前，先施作界面黏著劑增加 RC 素地和打底層的接著力。

▼

STEP 03 水泥砂漿塗佈，製作粗胚打底厚度約 15mm。

▼

STEP 04 以人工運用網篩過濾掉顆粒較大的砂粒,確保水泥粉光的完成面更細緻。

▼

STEP 05 以專用抹刀抹上一層薄薄的水泥砂漿(約 5mm),由於此為直接接觸面。

▼

STEP 06 待施作層略乾但未失去可塑性之前,以鏝刀鏝平表面。

▼

STEP 07 若是後續不上漆,以水泥粉光做表面,則需施作磨砂。

▼

STEP 08 以空氣槍將粉光後的表面粉塵清潔乾淨,再用清水沾濕抹布擦拭。

▼

STEP 09 建議在養護 7 ~ 14 天後,使用保護劑做表面處理。

水泥粉光 Check List

確認	點檢項目
☐	紅磚應於砌做的前一天澆濕。
☐	在素地上先以泥料進行打底,水泥砂漿配比建議為 1:3 最佳,加入適當水量(依天氣溫度和濕度調整)攪拌均勻,易有誤差,若水量過高會降低水泥強度。
☐	水泥粉光表面施以保護層,適當阻隔水氣、降低吃色等問題,並增加完成面的強度。
☐	若希望更強化表面保護,可用水性壓克力樹脂或水性 Epoxy 替代。前者會稍稍加深地坪顏色,略帶陳舊感;後者保護力強,但塗層厚、有油亮感,比較不自然。因兩者都會於表面形成薄膜,遇水易滑,不建議衛浴或廁所等濕區使用。

砌磚牆

　　磚造隔間，一般以紅磚施作為主，為傳統的隔間工法。磚牆本身的結構穩固，且具有良好的隔音效果，日後屋主在使用上也較方便，可以在牆上自由釘掛物品。磚造隔間的施工期較長，以 3 房 2 廳的 30 坪空間，再加上全屋皆使用磚造隔間的情況下，至少需施作一個月以上，這是因為在施工過程中，需使用到水泥砂漿，水泥砂漿是一種持續且緩慢的化學作用，需等待乾燥才能進行下一工程，時間一旦拉長，所需的費用也會增加。因此若是想節省預算，多半會在衛浴和廚房等濕區選用磚造隔間，而臥房、書房等就選用施工較快速，費用相對便宜的輕隔間。然而完工後，日後磚牆若遇水，水分和混凝土、磚塊的化學作用會在表面產生白色的附著物質，也就是俗稱的壁癌，因此若想要防止壁癌的產生，防水工程要特別審慎注意。

砌磚牆流程

STEP 01 需要先將表面的木作、水泥砂漿、壁磚、鐵線等拆除，直到看見牆面原有的結構體。

▼

STEP 02 放樣，先將地面清理乾淨，再找出要砌磚的位置彈出墨線。

▼

STEP 03 運用雷射輔助確認線條是否垂直，砌出來的牆才不會歪斜。

▼

STEP 04 磚塊於砌牆前一日需以清水澆置，以增加與水泥砂漿的附著。

▼

STEP 05 在牆的頭尾兩側利用鉛垂或雷射,以鋼釘固定垂直向尼龍線(又稱水線)作為水平向尼龍線移動的基準,水平向尼龍線必須以活結固定,以便移動。

▼

STEP 06 開始砌磚後,依現場狀況及條件,在新砌磚塊與舊有牆壁間的適當位置植入鋼筋固定(稱為壁栓),以免日後因地震或結構不穩而產生龜裂。

▼

STEP 07 磚塊與磚塊間的縫隙距離約 1 ~ 1.5cm,並以水泥砂漿填充。

▼

STEP 08 磚牆應先砌一半待水泥砂漿乾涸後再繼續,通常分兩次完成。

💬 砌磚牆 Tips

砌磚牆時可口頭詢問水泥砂漿的比例,若水泥與砂的比例不當,牆的結構不穩容易鬆散,易導致日後產生龜裂,甚至嚴重到遇到地震時,有倒塌疑慮的危險。

砌磚牆 Check List

確認	點檢項目
☐	地面清理乾淨,找出要砌磚的位置彈出墨線,並確認線條是否垂直。
☐	磚塊於砌牆前一日以清水澆置,增加與水泥砂漿的附著。
☐	磚牆應先砌一半,待水泥砂漿乾涸後再繼續,通常分兩次完成。
☐	磚塊與磚塊間的縫隙距離約 1 ~ 1.5cm,磚縫應交錯不可在同一位置。
☐	磚塊與磚塊之間是否排列整齊,磚縫不可位於同一位置。
☐	磚牆牆面會用四方形的「灰誌」設定水平線,轉角則使用塑膠轉角條。
☐	新砌牆與舊牆壁交接處是否有在適當位置上做壁栓。

☐	塗刷在牆面上的水泥砂漿，厚度約為 1cm 左右。
☐	牆面上塗刷的水泥砂漿，其尺寸、厚度、平直要符合所設定的基礎。
☐	施作防水先從壁面開始，刷上第一層防水漆。
☐	防水漆一定要是油性防水漆，且地、壁使用相同款，銜接上比較沒問題。
☐	進行地面防水前，要先將地面的沙粒、碎石清理乾淨，防水塗料才能完全滲入。
☐	粉光前要先將使用的砂子過篩，粉光後的牆面才會平整。
☐	在打底層上再上一層約 2～5mm、更細膩的薄水泥，並要達到平整、光滑。
☐	可使用燈側光照射粉光後的牆面，確定是否平整無波浪。
☐	壁面貼磁磚一般以硬底施工法為主，地面則視磁磚大小決定。
☐	需要設計特殊花樣或貼大塊磁磚時，應事先做好磁磚計劃。
☐	必須將現場清理乾淨再進行，以免碎石、雜質影響施作品質。
☐	禁止在不透水性材質上砌磚，如塑膠、PU、玻璃、磁磚等。
☐	若是磁磚地面，要在預留離磁磚 5cm 處砌磚，以做阻絕填充型防水工程。
☐	無論新牆、舊牆都要做植筋，並在新舊牆交接處加強使用鋼絲網。

地面磁磚 – 硬底施工

　　鋪設磁磚大致上可分為硬底施工、軟底施工，兩者之間最大的差異是，軟底施工不用等待水泥養護乾燥的時間，即可直接貼磚，不過缺點是因為沒有基礎的打底層，平整度略差。這幾年因為施工標準的提升，軟底施工逐漸被淘汰，磁磚地坪施工多數會選擇硬底施工，硬底施工雖然花費的時間較長，像是必須等打底層乾燥才能進行貼磚，但也由於經過此步驟，磁磚完成的平整度會更好，除此之外，貼磚過程當中，磁磚與地坪皆須雙面佈漿，同時搭配磁磚整平器等過程，也會讓磁磚與地面之間的牢固性與密合度更佳。

地面磁磚 – 硬底施工流程

STEP 01　清理地坪後撒清水使地坪濕潤，以純水泥漿刷塗地板強化黏著力。

▼

STEP 02　放樣量取水平基準線，並以基準線下料打底。

▼

STEP 03　地面打底須在水平放樣後使用雷射儀於牆面標出高度，再直接將水泥砂漿鋪上去，並利用刮尺慢慢依據高度整平地面。

▼

STEP 04　水泥砂漿完成打底後，要讓打底層確實乾燥，通常夏天大約等2～3天，冬天因溫度低、水分蒸發慢，建議至少等一週左右。

▼

STEP 05　建議在施工完畢後，將排水孔堵住，然後蓄水到一定水位（約2～3cm），等待1～2天後，從水位變化檢查四周牆面和地面有無滲漏現象。

▼

將磁磚黏著劑與水泥混合成水泥砂漿後，用鋸齒鏝刀將混合過的水泥砂漿抹在打底層上，並同時抹於磁磚背後，俗稱雙面上膠。

▼

磁磚貼上後使用橡皮槌敲打，用意在於讓磁磚能與底部的水泥砂漿更密合、密實，黏貼的效果會更好。

▼

將填縫劑以橡皮抹刀填滿磁磚縫隙，抹縫完成後再用海綿沾水把磁磚表面清潔乾淨。

地面磁磚 – 硬底施工 Check List

確認	點檢項目
☐	雙面佈膠是指地坪和磁磚背面都需要抹上攪拌後的黏著劑，才可以增加磁磚和地坪之間的密合度。
☐	鏝刀抹呈鋸齒狀，可增加阻力和咬合力道，粗糙面較能增加摩擦力，貼上之後可以避免位移或晃動。
☐	貼合後應以橡皮槌或槌柄輕敲磁磚，調整其平整度以及讓磁磚能夯實水泥砂漿層。
☐	磁磚貼好後，建議至少要隔 24 小時再進行填縫，讓水泥裡的水氣散發出來，但如果可以，能間隔 48 小時是最好的。

牆面磁磚

　　壁磚施作只能用硬底施工，因為垂直的牆面無法附著半乾濕的水泥砂漿，施作流程是先測量出水平垂直基準線，再用水泥砂漿以鏝刀抹平打底，等全然乾燥之後進行防水，再繼續等待乾燥就能以黏著劑或水泥漿將磁磚黏貼上去，硬底施工最重要的是放樣要非常準確，過程中至少會經過 3 次的確認，才能讓後續的打底平整，如果這兩個步驟沒有確實執行，最終會影響牆面、地面的平整度，而黏貼的時候，必須在磁磚背面（背膠）和粗面打底層皆均勻塗抹黏著劑，避免產生空心的情況。

牆面磁磚施工流程

STEP 01　確認牆面有無歪斜，是否完全平整。

▼

STEP 02　牆面以雷射儀定位垂直水平位置，以棉繩、鋼釘固定拉出牆面的垂直的點、線、面。

▼

STEP 03　棉繩拉好後，以泥膏定位灰誌，固定於棉繩介面上，作為日後粉平牆壁的厚度及垂直面基準點。

▼

STEP 04　師傅手持土撥（台語發音為土旁）盛接水泥砂漿，再以鏝刀多次逐步將水泥砂漿均勻塗佈在牆面。

▼

STEP 05　使用稀釋過的彈性水泥塗佈於粗胚打底牆面，待第一層乾燥之後再塗上第二層防水，通常塗佈約 2 ～ 3 道。

▼

貼磁磚之前，最重要的工作就是放樣，要依據磁磚尺寸設定磁磚鋪排計劃，通常一個面會標註 2～3 條基準線。

 根據基準線從最下面的磁磚開始貼，貼合時磁磚、壁面都要佈漿，讓磁磚的黏著性更好，也可以搭配使用磁磚整平固定器或是磁磚間隔器（有分 1mm、2mm 的縫隙間隔），確保左右水平是一致的。

 一排磁磚貼好之後，就先以橡皮槌稍微敲磁磚，讓牆面膠泥跟磁磚背膠確實接著咬合。

 磁磚的收邊方式有幾種選擇，最簡單、便宜的作法是直接使用現成的收邊條，另一種則是將磁磚以 45 度導角加工再進行貼合。

 將填縫劑以海綿抹刀填滿磁磚縫隙，抹縫完成後再用海綿沾水把磁磚表面清潔乾淨。

💬 牆面磁磚施工 Tips

灰誌黏好後，師傅會以凸出來的邊作扇形移動，刮除多餘的水泥砂漿，因此，移動的過程中至少要有兩個灰誌作為基準點，黏好後千萬不能觸碰，必須等乾了才能將棉繩拆下，避免基準線受到破壞。

牆面磁磚施工 Check List

確認	點檢項目
☐	棉繩固定完成基準線之後，必須再次使用雷射儀確定水平線是否一致，因為將來泥作打底的厚度是以棉繩為基準，一旦有誤，磁磚貼起來就會不平整。
☐	灰誌黏好後，師傅會以凸出來的邊作扇形移動，刮除多餘的水泥砂漿，因此，移動的過程中至少要有兩個灰誌作為基準點，黏好後千萬不能觸碰，必須等乾了才能將棉繩拆下，避免基準線受到破壞。
☐	通常水泥砂漿的比例為水泥 1：砂 3。
☐	水泥砂漿完成打底後，要讓打底層確實乾燥，通常夏天大約等 2～3 天，冬天因溫度低、水分蒸發慢，建議至少等一週左右，否則底部容易龜裂，後續磁磚貼好易產生空心現象。
☐	關於牆面防水施作高度，通常多數是抓超過蓮蓬頭，約 200cm 左右，也有設計師習慣是佈滿至最高處。
☐	為了確保鋪排磁磚時能達到每塊磁磚的水平、垂直可以一致，現在有許多磁磚整平器的輔助工具，磁磚貼好後，建議至少要隔 24 小時再進行填縫，讓水泥裡的水氣散發出來，但如果可以，能間隔 48 小時是最好的。

石材牆面－硬底施工

　　硬底施工法或是軟底施工法，是用水泥砂漿或益膠泥作為接著劑，將石材貼覆於牆面或地坪。硬底施工須事先做好打底，平整度夠高，才能貼得漂亮。打底完後，需在石材和牆面佈水泥砂漿，早期是依一定比例混和水泥砂漿，並要選用低鹼水泥以及沒有黏土質的乾爽河砂，否則日後會出現膨脹、吐鹼與脫落的問題；同時需等待一定時間，黏合力才足夠，為了讓黏合力提升，研發出加入樹脂的水泥砂漿，也就是所謂的益膠泥。由於使用的水泥砂漿或益膠泥都有含水，建議石材需預先施作 5 道或 6 道的防水塗層，避免產生白華的情形。

石材牆面－硬底施工流程

STEP 01　清潔施工牆面的髒汙。

▼

STEP 02　水平放樣要確認牆面、地面有無歪斜，確認好之後，牆面以棉繩、鋼釘固定位置。

▼

STEP 03　以 1：3：1 的水泥、乾砂、水的比例調和，將牆面予以抹平，以利後續鋪貼石材的工程。

▼

STEP 04　使用防水材進行 2～3 道以上的塗刷工序，每一道之間需間隔約 6～8 小時的乾燥。

▼

STEP 05　以石材尺寸完成鋪貼計劃，訂出垂直水平線。

▼

STEP 06　測量管徑、插座等尺寸之後標示於石材面上，接著運用水刀裁切，施作過程會有水噴濺，可使用海綿吸水遮擋。

▼

STEP 07　依照比例調和益膠泥或水泥砂漿，一次塗上一排的區域即可，塗抹時無須平整。

▼

STEP 08　在石材背面塗上益膠泥。不規則狀的塗抹能增加附著力，同時也確保貼覆時益膠泥有空間散佈，避免益膠泥和牆面之間產生空心的情況。

▼

STEP 09　石材貼上後以槌子輕敲表面，除了可讓空氣跑出，也增加石材與益膠泥的附著力。同時利用水平儀確認石材的水平、垂直和進出面是否一致，若有不平整則立即拆除重貼。

▼

STEP 10　將石材表面稍作清潔，溝縫處也要清理乾淨，避免灰塵沙土存留，若未清理，則填縫劑無法密合，容易有剝落的問題。

▼

STEP 11　比對鋪設的石材色系後，調出相近顏色，再加入硬化劑以利後續施工。溝縫處填入填縫劑，要注意分量適中，若有溢出則需立即擦拭。

石材牆面 – 硬底施工 Check List

確認	點檢項目
☐	若施作的區域有地排、水管、插座等，貼覆前必須留出露出的位置，通常現場測量後裁切即可。
☐	石材多有對花的設計，並沒有替代石材可更換，所以事前的測量和標示都必須非常精準。
☐	在施作過程中，往往會不小心碰撞到石材邊角導致碎裂，此時可先用快乾膠黏貼，進行假固定，再貼覆於牆面或地面，水泥的黏合性強，就可避免事後掉落的問題。
☐	水泥砂漿或益膠泥是作為石材的接著劑，若在牆面施作，需先從牆面下方開始，再持續向上貼覆。施作時在牆面一次抹上一排的分量即可。
☐	益膠泥施作厚度必須適中，以免影響進出面，太厚會讓石材過凸，太薄則會形成凹陷，造成整體牆面不平整。
☐	貼覆石材時最需要注意水平、進出是否有對齊平整，同時需注意留出伸縮縫。貼合完成時，石材的左右、下側接合處利用接著劑固定，保護石材不致掉落。

石材地面－半濕式施工

半濕式施工法，俗稱大理石施工法，主要用於地面。相較於軟底濕式施工需事先將水和水泥砂混合，半濕式工法是以乾拌水泥砂先鋪底，再淋上土膏水，讓水和水泥砂產生化學作用。由於石材較為厚重，一次施作一片，水泥砂厚度建議需鋪設 4cm 以上，石材鋪上時才不會造成沉陷，且水泥砂的厚度可用來調整石材完成面的高低，比起軟底濕式施工較為方便。施作時需要在地面撒上水泥水，因此事前需先做好防水，避免往下滲漏，造成漏水。除了石材，60×60cm 以上的大面積磁磚也多半使用半濕式施工法施作。

石材地面－半濕式施工流程

STEP 01　放樣，以石材尺寸完成鋪貼計劃。

▼

STEP 02　測量管徑、插座等尺寸之後標示於石材面上，接著運用水刀裁切，施作過程會有水噴濺，可使用海綿吸水遮擋。

▼

STEP 03　將鋪設地面上的灰塵、雜物掃除乾淨。

▼

STEP 04　先依 1：3 的比例混合水泥和砂充分攪拌，在施作的範圍內先淋一層土膏水，一次通常施作一片或一排。

▼

STEP 05　第二層覆上水泥砂，並用木條壓實整平，第三層再淋水泥水，讓水與水泥砂產生黏合硬化的化學作用。

▼

STEP 06 石材貼上後以槌子輕敲表面，除了可讓空氣跑出，也增加石材與益膠泥的附著力。

▼

STEP 07 利用水平儀確認石材的水平、垂直和進出面是否一致，若有不平整則立即拆除重貼。

▼

STEP 08 將石材表面稍作清潔，溝縫處也要清理乾淨，避免灰塵沙土存留，若未清理，則填縫劑無法密合，容易有剝落的問題。

▼

STEP 09 溝縫處填入填縫劑，要注意分量適中，若有溢出則需立即擦拭。

石材地面－半濕式施工 Check List

確認	點檢項目
☐	地面在施作地磚或石材時，如遇地排水蓋，通常會一併安裝。地排背面塗抹水泥砂後，安裝於排。
☐	填縫劑的功能主要是修飾石材接縫，使整體更為美觀。以往的填縫劑填入後會有剝落的問題，而後加入樹脂改良，讓填縫劑更為牢固。

門窗填縫

門、窗身處住家遮風避雨、防盜隔音的第一道防線,除了挑選產品本身氣密、堅固係數,其實魔鬼藏在細節裡,常被忽視的各種縫、封邊才是關鍵所在!尤其安裝通常牽涉拆除、泥作補漿填縫,以及鋁窗工程立框、防水收邊等三類工種,彼此環環相扣、但銜接上要是有所疏漏又不好意思提醒,就可能成為未來漏水原因。其中填縫時將窗框、泥作交接處注入水泥砂填滿填實,與用矽利康徹底封邊、塞水路最為重要!另外再輔以外洩水坡、四角防水漆、補外牆磁磚等手法,盡可能避免漏水問題。

門窗填縫流程

STEP 01
拆除舊門、窗,預留門、窗面,窗戶上下約保留 3～5cm、左右 2～3cm,從零開始施作。

▼

STEP 02
以電焊或打釘方式立框,此步驟為門、窗廠商入場施作。為了保障工地安全,避免施工噪音、粉塵影響鄰居與天候潑雨因素,會優先作拆除工程,緊接著裝設門、窗。

▼

STEP 03
施工處潑濕能增加水泥砂漿與窗框壁面黏著力,減少縫隙裂痕產生。

▼

STEP 04
用嵌縫器注入砂漿,水泥砂漿比例需適中約為 1：2～3,吸取與擠出才能順暢,適當灌漿比例同時影響會凝固後強度、黏著性。

▼

STEP 05
灌入砂漿後,等水泥稍微乾一點,用抹刀修整混凝土表面。

▼

STEP 06
最後由門窗廠商進場,做最後的矽利康填縫等防水作業,作為雨水侵入牆體窗框的第一道防線。

門窗填縫 Check List

確認	點檢項目
☐	如果是窗戶，上下留縫較大是為了焊接施作方便，同時做出外側洩水坡，減少日後雨水倒灌機率。
☐	立窗時可決定窗框是否靠內或靠外、保留室內窗台設計。
☐	選擇銜接外牆磁磚縫隙，能降低完工後對建築外觀完整性的影響。
☐	窗與底牆縫隙過大，可先封住一側再行灌漿。
☐	灌注時可持續輕敲窗框，盡可能讓砂漿均勻分布。
☐	水泥砂漿比例不佳將導致起砂、龜裂滲水，甚至窗框因重力下沉等問題。
☐	施工最後用濕抹布、海綿將窗框上的汙漬清除乾淨，確保門窗開關流暢與美觀。
☐	塞水路是在泥作與鋁框交接處以矽利康密封表面。
☐	填補矽利康前需確認窗台完全乾燥與潔淨。
☐	避免雨天期間與剛下完雨施打，以免黏不牢。
☐	施打時可預先使用紙膠帶框出準確位置。

Part 4
隔間工程

　　隔間，是區分室內空間領域的重要中介，本身還需具備隔音、掛物、防水等重要功能，主要可分成磚造隔間、木作隔間和輕鋼架隔間工法。磚造隔間為傳統工法，隔音效果最好，結構也紮實，但施工較久，施工現場也較容易有泥濘，需時時清潔。而磚造隔間已於前面的泥作工程中介紹過，在此就不再重複介紹。相對於載重較重的磚造隔間，木作、輕鋼架隔間都是屬於輕隔間的一種，材料相對較輕，對建築的負擔不大，施工也比磚造來得快，只是這兩種隔間在完工後想增加吊掛功能較為不便，需事先確認需求。除此之外，目前還有陶粒板、石膏磚隔間等，陶粒板板材內夾鋼絲網，以陶粒、水泥砂、發泡劑等為材料預鑄而成，內藏鋼絲網抗彎，具有抗震、質輕、吸音、可吊掛重物的特性，施工時以 C 型鋼做水平槽架嵌入接合。石膏磚以脫硫石膏為原料鍛燒，添加防潮配方，依使用需求，有實心、中空型態，磚體已有嵌槽作為施工接合使用。施作時以專用黏著劑互相固定，亦有抗震、質輕、吸音、可吊掛重物的特性。兩者均為乾式施工，為傳統磚牆濕式施工隔間的另一選項。

木作隔間

除了磚造隔間，木作隔間是在住宅中最常使用的隔間工法之一，是屬於輕隔間的一種，本身載重輕，適合用在鋼骨結構的大樓中。施工快速，30 坪的空間中約莫 2～3 天就能完成，可縮減施工天數。木作隔間不像磚造隔間會弄髒施工環境，作法為運用一根根的木質角材立出骨架後，再填塞隔音材質，外層再封上具防火效果的矽酸鈣板或是石膏板。面材裝飾可上漆、貼壁紙等，若是內部結構做得紮實，也可以鋪磚，甚至貼大理石。只是木作隔間不像磚造為實心結構，即便是有填塞隔音材料仍會有空隙，因此隔音相對較差，若是想要加強隔音，建議封上兩層板材。

木作隔間施工流程

STEP 01 確認牆面結構和骨材間距。

▼

STEP 02 先於地面和天花施作橫向角材，訂出牆面的上下高度。

▼

STEP 03 縱向角材約莫隔 30～60cm 下一支，依照所需的結構強度而定，利用釘槍固定。

▼

STEP 04 橫向角材約莫 30～60cm 下一支，若需吊掛重物，間隔則需再更密集，約 15～30cm。

▼

STEP 05 封單面板材。

▼

STEP 06 水電配管，預埋出線盒或其他預埋配件、材料，如隔音棉。

▼

STEP 07 封板，封板時將水電管線依設計需求引出後，切割其面板鎖固需求孔位。

▼

STEP 08 由於一旦封板，水電管線就被隱藏，因此需先在板材表面標示出線口的位置。

木作隔間 Check List

確認	點檢項目
☐	確認材料的品牌和名稱。
☐	放樣時確實尺寸。
☐	填入可吸音或隔音的材質。
☐	使用 60K 左右的岩棉。
☐	封板時板材之間的，需留出至少 6mm 縫隙，讓後續的油漆批土得以順利。
☐	調整角材的間距，根據牆面的高度和幅寬比例、是否吊掛重物等因素。
☐	在懸掛重物的位置補上木心板或夾板，視重量需求、板材種類、厚度，以增強結構及吊掛力。
☐	封板後以手平摸表面，確認釘子不外露。

輕鋼架隔間

　　輕鋼架隔間作法和木作隔間類似，以金屬鋼架為骨架，中央填塞吸音棉後再封上板材。輕鋼架隔間相較於木作和磚造隔間更輕，所以常用於鋼骨大樓中，具備足夠的承載力。另外，金屬骨架是預製品，所以施工速度比木作隔間快，且成本較低，因此商業空間常採用輕鋼架隔間。然而，隔音效果較差，若用於住家需注意噪音問題。在施作時，要注意放樣的位置以及預留電線管路的空間，需完成電路佈線後再封板，以免事後需要切割牆面重新拉線。

輕鋼架隔間施工流程

STEP 01 立骨架，先排列下方槽鐵，確定位置無誤後以火藥釘槍固定，再排列上方槽鐵並固定。

▼

STEP 02 固定立柱，距地面 120cm 再固定一支橫料。

▼

STEP 03 吸音棉依照骨架間距裁切後填入，吸音棉之間需填實不留縫隙，確保隔音效果。

▼

STEP 04 沿骨架以螺絲固定板材，若有電線出線口，需事前裁切完畢。板材與板材之間需留縫，方便事後批土。

輕鋼架隔間Check List

確認	點檢項目
☐	確認材料的品牌和名稱。
☐	放樣時確實尺寸。
☐	依照放樣位置排列骨架，上下槽鐵和立料的接合需確實鎖緊。
☐	在門窗處需加強配置橫、立料的數量，密度越高，結構越強。
☐	封板前，建議表面事先留出插座開孔，避免事後找不到出線位置。

Part 5
水工程

　　水工程的重要性在於確保家庭和環境的水源供應和排放是高效且安全的。這項工程涵蓋了多個層面，從給水、排水，到糞管的鋪設，每個部分都具有其獨特的重要性。一般來說，水管工程被分為三大類，分別為排水、汙水和雨水系統。然而，這三大類系統絕對不允許混合使用，因為這樣的混合可能導致嚴重的問題，如環境汙染和健康風險。在家庭環境中，主要的關注點通常集中在排水和汙水系統。因此，選擇合適的管材和謹慎細心的管線佈置和安裝非常重要，以避免未來可能出現的問題，如漏水或堵塞。

　　對於給水系統，必須選擇適當的冷水和熱水管材質。特別是在熱水管道方面，使用不鏽鋼材質是至關重要的，以避免 PVC 管材在高溫下損壞的問題。同時，排水管的佈置路徑應儘量簡單，減少轉角，以確保排水系統能夠順利運作。而在糞管和排水管的施工中，特別需要關注是否有正確的洩水坡度和各空間的地坪高差。這樣的設計和施工可以確保廢水或排泄物能夠順利排除，避免堵塞和其他不良後果的產生。

水管工程

　　水管工程包含給水、排水和糞管鋪設。會依照現場狀況規劃管線行走的最適路徑,一般來説,排水管的路徑會避免過多轉角,以防排水不順或容易阻塞。由於管線大多是埋入壁面或地面,因此鋪設前需先放樣,再依照放樣切割打鑿,不可隨意亂打,對牆面或地面的破壞力才能減到最少。

　　在鋪設給水管時,若是室內無水閥,建議可新增水閥,日後若水管有問題,在室內就可控制水管開關,無須再到頂樓水塔處關閉,避免誤關到其他戶的水管。糞管和排水管的施作,都需特別注意是否有抓出洩水坡度及各空間的地坪高差,才能讓廢水或排泄物順利排除。

> ● 水管工程 Tips
>
> 給排水管或是配電管的配置,都需事前放樣定位,確認打鑿的位置,避免亂打牆的問題。若要講究,可先請設計師提壁面材分割計劃,會更美觀。排水管注重的是排水的順暢度,因此需有一定的洩水坡度,若遇轉角,需避免90 度角接管。

給排水管安裝步驟

STEP 01
需事先確認完成面地板的高度，才能決定給排水管配置在地面時，是要向下打鑿還是平鋪在地面。

▼

STEP 02
事前需在全室牆面訂出水平線，從完成面地板開始計算，向上一定高度為基準水平線。

▼

STEP 03
依現場放樣出給、排水管位置，在放樣時要計算出管線並排後的寬度。

▼

STEP 04
依照打樣的標記，以機具切割。可邊切割邊加水，降低切割時散佈的灰塵。

▼

STEP 05
依切割的範圍打鑿。

▼

STEP 06
鋪設冷、熱水管，接給水管主幹管及分支管，距主幹管越遠，分支管的直徑需相對縮小，以維持水壓。冷、熱水管之間保持適當距離，除了讓溫度不互相影響外，也方便日後維修。

▼

STEP 07
在冷水管使用 PVC 管的情況下，需於冷、熱水管的重疊處加上保溫材隔離。

▼

STEP 08
鋪設時注意洩水坡度，管徑小於 75mm 時，坡度不可小於 1/50，管徑超過 75mm 時，坡度不可小於 1/100。

▼

STEP 09
鋪設時需時時以水平尺確認是否有達到一定的傾斜角度。

▼

STEP 10
配管完成後，利用固定環固定，並以水泥砂漿定位，確實固定。

▼

STEP 11 為了避免空氣壓力影響水壓測試，利用機具將管內的空氣排出，使測試達到精準。

▼

 STEP 12 將整戶的水閥關閉，以機具連接水管，打入水壓，並到各出水口將止閥接頭略微轉鬆，使管內的空氣先洩光，再將止閥接頭轉緊。

▼

 STEP 13 以機具連接水管，打入水壓，建議需有 5kg/cm^2 的壓力，並測試一個小時。若想更謹慎，建議保壓一晚較為適當。

▼

 STEP 14 確認壓力表指針指到 5kg/cm^2 時，在表上做記號，結束時再確認壓力是否有下降。

▼

 STEP 15 巡視管線是否有漏水問題。若有，則再處理接縫或更換管線。

給排水安裝 Check List

確認	點檢項目
☐	檢查施工人員是否持有執照。
☐	確保汙水、雨水和排水三種排水系統獨立。
☐	確認 PVC 管的使用是否正確，A 代表電器管，B 代表冷水進水管，E 代表排水或配線用管。
☐	確保 PVC 管與管接合膠的連接是否牢固。
☐	檢查 PVC 管彎曲處是否有燒焦現象。
☐	確保 PVC 管接頭與水龍頭的連接是否使用止洩帶。
☐	確保水管與牆面或地板有牢固固定，以避免水管震動。
☐	檢查壓接式金屬管是否有變形。
☐	確保新舊水管接合處連接牢固。

☐	明管式熱水管應做保溫防燙處理，以防止人員燙傷。
☐	確認排水管的排水坡度是否正確，管徑小於 **75mm** 時，坡度不可小於 **1/50**，管徑超過 **75mm** 時，不可小於 **1/100**。
☐	確保冷熱水系統的中心位置定位正確，浴缸與龍頭是否偏位。
☐	檢查冷熱水管的間距是否適當，避免過大或過小。
☐	檢查進水系統是否有測水壓和防漏水裝置。
☐	測試水槽和浴缸注滿水後放水，檢查排水是否順暢或有回積現象。
☐	目視檢查樓上排水管是否有漏水現象。
☐	避免使用 **90** 度角接管，以確保廢水能順利通過轉角而不堵塞。
☐	確定管線的使用方式（進排水管、冷熱水管和高低壓水管）。
☐	使用相同類型的管道或專用接頭，避免混合替代使用，以免漏水。
☐	在管道和接頭上使用黏著劑，確保牢固並緊密貼合。
☐	使用轉角接頭來處理管線轉角。
☐	避免過熱導致管道變黑或碳化，降低抗壓能力。
☐	避免雜質進入管道內，完成配管後要封口處理。
☐	避免不同材質的混合接頭，以免發生管道爆裂。
☐	使用管座或水泥固定明管，以免脫線。
☐	在地震或火災後進行管線檢測。
☐	進行水壓測試。
☐	施工完成後，確認接管位置是否與圖上標示的座標相符，以便查修漏水問題。

糞管工程

　　若希望重新布局衛浴空間，包括移動馬桶的位置，須特別注意一些關鍵問題。這涉及到糞管的移位，因為糞管的管徑相對較大，如果不進行地坪拆卸，則至少需要提高 15cm 的地面高度，以便將管線隱藏起來。同時，必須謹慎安排管線的走向，避免過於彎曲，並保持適當的洩水坡度，以確保排水系統的順利運行。

　　在糞管的規劃中，最好能夠保持直線的走向，避免過多彎曲。如果必須進行轉彎，建議使用 45 度的彎頭，或者使用兩個 45 度的彎頭來曲線接合，而不是使用 90 度的轉彎接頭，這樣可以降低阻塞的風險。在傳統的安裝中，當需要移動馬桶位置時，關鍵在於糞管的移位。一旦位移超過 5cm，就需要進行管線調整，並在管線相接的轉角處使用斜管相接，如果距離過長，則需要在地坪上建造洩水坡度，以免造成排水堵塞問題。不過，這些方法通常僅適用於水平面的情況。

糞管安裝步驟

STEP 01 事前需在全室牆面訂出水平線，從完成面地板開始計算，向上一定高度為基準水平線。

▼

STEP 02 依現場放樣出給、排水管位置，在放樣時要計算出管線並排後的寬度。

▼

STEP 03 依照打樣的標記，以機具切割。可邊切割邊加水，降低切割時散布的灰塵。

▼

STEP 04 依切割的範圍打鑿。

▼

STEP 05 糞管相接時，注意洩水坡度，轉角處以斜管相接，避免90度垂直銜接，導致堵塞問題。

▼

STEP 06 糞管與排氣管支管相接，並接到大樓的排氣主幹管。

▼

STEP 07 安裝完後，以水平尺確認是否達到一定的洩水坡度。

▼

STEP 08 安裝排氣管。

糞管安裝 Check List

確認	點檢項目
☐	有些特殊型號的馬桶需採壁面出水，事前應先注意。
☐	特別注意糞管的移位，提高地面高度以隱藏管線。
☐	謹慎安排管線走向，避免過於彎曲，確保洩水坡度。
☐	使用45度的彎頭或兩個45度的彎頭來曲線接合，避免使用90度的轉彎接頭。
☐	管線調整和斜管相接，以避免排水堵塞問題。

Part 6
配電工程

在進行電力配電前，必須進行仔細的規劃和評估，以確保電力系統的正常運作和安全性。這包括計算整個空間的用電安培數是否足夠，並配置合格的匯流排配電箱，以確保電源供應的穩定性。如果安培數不足，則需要考慮更換電箱或進行升級。一般來説，在設計電力配電系統的時候，通常會將地理位置相鄰的區域劃分為一個迴路。例如，客廳和餐廳可以分為一個區域，而每條迴路通常不應該連接超過 6 個插座（以 110V 電壓為例）。對於一些用電量較大的設備，比如廚房的電器，應該考慮為其配置獨立的電路，以確保能夠應對大功率的需求。需要特別注意的是，選擇無熔絲開關的安培數應該搭配符合線徑，如果選擇的安培數過高，即使用電超出了負荷範圍，也不會引發跳電，這可能導致電線逐漸超載，最終可能導致電線過熱，甚至引發火災等嚴重問題，因此必須謹慎選擇。此外，針對濕區，如衛浴、陽台和廚房，應該配置附漏電斷路器的無熔絲開關。這些斷路器能夠在檢測到漏電情況時立即切斷電源，以減少觸電風險，保障用戶的安全。因此，在濕潤區域的電力系統中，這些保護裝置是不可或缺的。

強電安裝流程

STEP 01 關閉原有電源,接上臨時用電。

▼

STEP 02 沿放樣記號進行切割,留出管線路徑和出線盒位置。

▼

STEP 03 切割打鑿,在出線盒位置的打鑿深度必須適中,太淺會使出線盒埋不進去。

▼

STEP 04 混合水泥砂漿,作為出線盒的黏著劑。

▼

STEP 05 出線盒埋入處先浸濕,再抹上水泥砂漿。這樣的作法能讓水泥砂漿與水產生水化作用,出線盒就更穩固不易脫落。

▼

STEP 06 抹上水泥砂漿,放入出線盒。出線盒與牆面的空隙處再補上水泥砂漿。

▼

STEP 07 利用量尺調整出線盒的水平和進出。若為並列的出線盒,每個水平需達到一致,完工後才能看起來平整。

▼

STEP 08 管線穿過出線盒,沿打鑿處配置。

▼

STEP 09 利用管線固定環固定,以水泥砂漿定位。

▼

STEP 10 穿入強電電線,火線、中性線和地線綑綁在一起後固定,穿入管線,同時接地線必須接妥。

▼

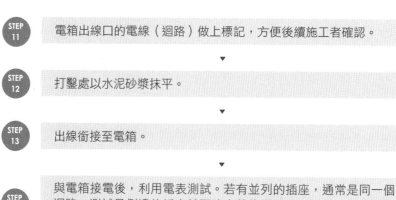

STEP 11 電箱出線口的電線（迴路）做上標記，方便後續施工者確認。

▼

STEP 12 打鑿處以水泥砂漿抹平。

▼

STEP 13 出線銜接至電箱。

▼

STEP 14 與電箱接電後，利用電表測試。若有並列的插座，通常是同一個迴路，測試最側邊的插座就可確定整條迴路是否通電。燈具線路則接上燈泡測試是否有亮即可。

▼

STEP 15 箱內無熔絲開關標示迴路名稱。

▼

STEP 16 開關插座面板安裝。

強電安裝工程 Check List

確認	點檢項目
☐	施工人員必須持有室內配線乙級與丙級證照。
☐	按照施工圖稿進行配置。
☐	檢查電線是否符合政府認證標準。
☐	注意線材的保護和固定。
☐	使用 PVC 硬管進行泥作結構保護。
☐	確實套上軟管保護並進行適當固定。
☐	使用電器膠帶進行纏繞。

配電工程

☐	繞線應順時鐘方向進行。
☐	清楚標示各電線顏色所代表的供電種類。
☐	清楚標示開關箱的各區域和功能。
☐	電源照明開關迴路及切換位置不應安裝在門後。
☐	在非結構性牆面進行出線孔時,確實進行出線盒的固定支撐。
☐	清楚標示不同電壓配置在同一牆面時。
☐	出線盒的導線管應進行防護處理。
☐	避免多接線。
☐	確認開關插座的高度並確保水平對齊。
☐	注意住戶專用電和公共用電的區別。
☐	更換有皺摺或破損的地面線導管或保護管。
☐	使用 PVC 管保護室外配線。
☐	使用規定的線徑配件安裝電熱器等設備。
☐	避免使用未經檢驗的材質的開關面板。
☐	在浴室安裝電話、電視或音響等設備時使用防潮配件和工法。
☐	預留專用電路迴路給高電壓高功率電器。
☐	確保各項電源開關能夠正常使用。

弱電安裝流程

STEP 01 出線口放樣定位。

▼

STEP 02 切割打鑿。

▼

STEP 03 埋入出線盒。

▼

STEP 04 配管。

▼

STEP 05 弱電有電話線、網路線、監視器、電視線、數位 HDMI，依使用區域將所需的電線固定在一起穿入管線，像是電話線＋網路線＋電視線。

▼

STEP 06 出線口的電線做上標記，方便後續施工者確認。

▼

STEP 07 打鑿處以水泥砂漿抹平。

▼

STEP 08 出線銜接至弱電箱。

▼

STEP 09 面板安裝。

💬 **配電工程 Tips**

配合管徑大小穿入適當電線數量,不可穿入太多造成電線散熱不良。此外,要依照設備消耗功率選用合適的電線,像是給電扇電視使用的 110V 插座,可選用線徑 2.0 的電線;220V 的冷氣電源,可使用 3.5 平方絞線,微波爐、烤箱、快煮壺等 110V 插座,功率超過 1000W 時,建議使用 5.5 平方絞線,電流負載率較高,不會引起電線走火(220V 比 110V 電流少一半,所以反而 110V 功率高的設備,需選用較大線徑)。

弱電安裝 Check List

確認	點檢項目
☐	在木工進場前進行多次試驗,避免事後拆裝的麻煩,例如電話、對講機等設備。
☐	檢查電話周邊設備線材是否正常,是否有雜訊。
☐	確認消防監測系統是否有漏失,功能是否異常。
☐	對講機系統的維護更新應由專業廠商進行。
☐	確認視訊和電視的接線是否正確。
☐	確保各項動作按照相應的水電圖進行施工。
☐	安裝空調配線孔時,需確認是否有穿過樑。如果有弱電控制面板,需先溝通後再進行施工。

Part 7
金屬工程

　　金屬工程包括鋁窗、金屬門、樓梯與五金。這些元素結合了美學和實用性，與家的安全與居住品質息息相關。家的大門不僅是迎賓的入口，更是居家安全的第一道防線。因此，在選擇大門時，安全性應該是首要考慮的因素之一。窗戶是家中的自然光來源，也是家居安全的一部分。如今，金屬窗戶已成為主流，它們的耐用性非常重要。風、雨和濕氣可能對金屬窗戶造成損耗，因此選擇高品質的金屬窗戶至關重要。這將確保它們在不同氣候條件下能夠長期保持完好。此外，不要忽略小型但同樣重要的金屬部件，如門把手、鎖具和螺絲等五金配件，以及防盜裝置，都是金屬工程的一環。

鋁窗安裝

　　一般來説，安裝鋁窗的方式可分成兩種：濕式施工和乾式施工法。濕式施工法會使用到水泥砂漿固定窗框，再填塞水路，施工期間較長，因此適用於新建案、家中重新翻修或是有嚴重漏水的情形。而乾式施工法無須用到水泥或拆除舊窗，可直接包覆在舊窗上施作，施工時間較快，不會對居住者造成干擾。但要注意的是，乾式施工是依附舊窗施作，若舊窗本身已有歪斜或是牆面有漏水情形，則無法解決，若要根治，建議需拆除重新施作防水和安裝窗戶，居住者須謹慎評估。不論是濕式或乾式施工，安裝時都要確認窗框的水平垂直，一旦歪斜，內框也會跟著傾斜，而影響窗體的氣密、水密性和隔音等。另外，也要注意窗框與牆面、新窗與舊窗之間的間隙需填補確實，避免有縫隙造成滲水問題。

鋁窗安裝流程

STEP 01 檢查原有窗戶與牆面接合處是否有水痕、壁癌。

▼

STEP 02 若有破壞，採用濕式安裝進行更換氣密窗並解決牆面漏水問題。

▼

STEP 03 若無破壞，採用乾式施工不用將舊窗戶整個拆除，用「包框」方式來更換窗戶。

▼

STEP 04 依家中狀況決定要用濕式安裝還是乾式安裝。

▼

STEP 05 進行立框或包框。

▼

STEP 06 清潔外框，確認無灰塵砂石後，將內框套入外框中。

▼

STEP 07 安裝完內框後，需要調整輥輪、止風塊等五金，讓內框得以抓對水平、順暢開闔，且可有效達到氣密、水密的機能。

💬 鋁窗濕式安裝 Tips

想要拆卸窗扇洗窗時，一定要先轉鬆止風塊的螺絲，將止風塊移開才能拆卸窗扇。因此有些施工者會沒鎖止風塊，原因是為了方便業主拆卸。但沒鎖緊的情況下，會留出孔洞，因此形成風吹的口哨聲或是有水順著孔洞流進室內，建議還是鎖上為佳。

鋁窗安裝 Check List

確認	點檢項目
☐	確認鋁窗實物與尺寸是否相符，品牌型號是否相符。
☐	確認開啟門窗方向是否正確。
☐	確認塗裝表面是否有明顯刮傷或凹陷，刮傷底材則不可接受。
☐	確認鋁窗所使用的螺絲是否為無磁性的不鏽鋼螺絲，避免生鏽造成結構損壞。
☐	確認鋁料間的結合有無防水填充材（咬合功能），避免鬆脫、離縫。
☐	確認鋁窗是否方正，誤差須在 2mm 內。
☐	檢查扣具、把手是否定位鎖合。
☐	確認立框時是否注意垂直、水平與直角。
☐	立框時是否確認窗框各邊預留 1 ～ 3cm 的防水填縫，作為防水填充。

☐	確認立框填充水泥時是否有加適量防水劑（水灰比 1：2）。
☐	檢查灌漿有無泥漿溢流造成汙損內外地、牆面，盡速用水洗乾淨。
☐	確認灌漿前門、窗是否水平或垂直，避免施工後出現歪斜現象。
☐	確認架設鋁門窗時內窗滾輪與把手活動是否靈敏。
☐	檢查溝槽有無粉泥渣殘留清除乾淨，避免造成溝槽刮傷及滾輪機能受損。
☐	確認安裝玻璃有無預留伸縮縫，避免地震或撞擊的破裂。
☐	確認大片玻璃是否加上鋁壓條及防水處理，裝完鋁條再打一次矽利康。
☐	確認紗窗本身與結合框料有無穩固結合。

金屬門安裝

　　無論是大門、窗戶、樓梯，還是五金把手螺絲，台灣的潮濕氣候是一個需要考慮的重要因素。為了確保這些結構能夠長期保持其美觀和功能，首要任務是仔細考慮金屬材料的防鏽表面處理。金屬材料最害怕的就是氧化，這將嚴重影響其外觀和耐用性。然而，防止金屬氧化只是金屬工程的第一步，還需要考慮許多其他因素，包括安裝的功能性、結構的強度、成本以及未來的維護需求。

　　大門一面面向室內，另一面則面向室外。對於高樓大廈的住戶來說，大門在建築物內部，因此不受室外環境的嚴重影響。然而，對於透天厝或公寓的一樓大門或鐵捲門來說，情況就不同了。陽光、空氣和水都可能導致大門褪色與生鏽。因此，對於室外使用的大門，必須特別關注防水性能。其中一種最好的方式就是進行不鏽鋼陽極處理，這可以有效保護金屬不受氧化的危害。

　　不鏽鋼門或塑鋼門等金屬材的安裝方式與鋁窗相同，可分成乾式和濕式施工，但不同的地方在於，鋼性材質的門扇較重，立門框時一定要以焊接的方式固定，以免結構無法支撐。另外要注意的是，立門框時的高度要以完成面的地板高度為依據，並留出地板與門扇之間的縫隙，避免開闔時會卡到地板。

金屬門濕式安裝流程

STEP 01 丈量現場尺寸後訂製。

▼

STEP 02 確認門框的水平、垂直和進出線，避免歪斜。

▼

STEP 03 為了穩定結構，門框需以焊接錨定在地板、側牆上。

▼

STEP 04 立門框。

▼

STEP 05 清除雜物和灰塵。

▼

STEP 06 調和水泥砂漿，嵌縫。

▼

STEP 07 等待 3 ～ 7 天後，填補矽利康。

▼

STEP 08 安裝門片。

▼

STEP 09 安裝完，需加裝保護蓋板，避免出入頻繁造成損壞。

▼

STEP 10 調整五金。

金屬門安裝 Check List

確認	點檢項目
☐	根據地板高度計算門框位置。
☐	注意門框預留高度，避免與地面高度不相符。
☐	確保門框鎖進牆壁結構。
☐	檢查門框與門板的間隙，確保適當大小。
☐	確保門的安裝垂直、水平與直角。
☐	注意焊接部分的表面處理，避免明顯結合痕跡。
☐	檢查塗裝表面均勻性、凹洞和色差。
☐	確認門鎖對稱、高度相同。
☐	確認門片與門框的開啟方式，檢查是否容易鬆動、有雜音或晃動。
☐	確認兩片式以上門的高低及縫隙對稱、密合。
☐	確認附屬配件是否齊全。
☐	檢查門的密閉性，避免灰塵入侵和降低隔音係數。
☐	避免門檻過高，造成進出不便。

Part 8
木作工程

　　木作可塑性高又變化多端，在裝潢中扮演著相當重要的角色，無論天花板、櫃體、門片，抑或是想要創造出獨特的造型設計，都必須透過木工才得以完成，可說是室內設計中不可或缺的要角。這一篇將解析木作工法施作順序，點出施作過程相關注意事項，更將施作工序中常見錯誤、對應材料常遇問題加以說明，不怕做錯工、甚至做白工。木作工程中的重要項目，包含：天花板、隔間、樓梯、門片門框、拉門、櫃體、空間修飾、架高地板、臥榻、床頭板、立面裝飾、貼皮等，同時列出木作工法正確步驟，以及監工驗收過程中最容易、也最常出現的問題，藉此練就一身現場應變力，同時確保施作如期順利。另外，因應現代裝潢趨勢，已有設計業者將向來是花費、占比較高的木作工程，朝木工製程系統化做發展。

平頂天花板

　　天花板的作用大多是為了修飾管線及設備，天花高度訂定須從可完全隱藏做考量，但由於原始 RC 天花不夠平整，因此骨架須進行水平修整，此一動作將影響後續面材施作，與完成面視覺美感，應確實執行。平頂天花板為裝潢設計最普遍的天花板造型，主要是先以角材搭建骨架，再搭配使用防火矽酸鈣板包覆、最後批土塗裝就算是完成。平頂天花的優點是可以隱藏消防管線、電線、冷氣排水、吊隱式空調，亦可結合嵌燈施作，藉由拉齊天花板的水平線條同時修飾原始結構的凹凸面，可呈現乾淨清爽的視覺效果。不過要注意的是，平頂天花會因內藏燈具、設備安裝與維修等需求，須預留 4 ～ 35cm 不等的高度，若原本屋高略低，要考量封板後的屋高，以免造成壓迫。一般來說，建議先做隔間再做天花板，這樣才能達到較好的隔音效果。原因在於，先施作隔間，隔間高度便會做到至頂，有效區隔各個空間達到完全密閉的效果；若是先做天花再做輕隔間，聲音容易經由天花板空隙流傳，導致隔音不佳的情況。

木作天花板施工流程

STEP 01 根據設計圖面所訂出的天花板高度，使用雷射水平儀打出定位高度，並以墨線在牆面上做記號。

STEP 02 沿著天花四周的壁面開始釘製角材，並以角材組成如 T 形的吊筋，先將吊筋固定在天花板。

STEP 03 接著以每 30 ～ 40cm 間距，排列出如方格狀的天花骨架。

木工師傅根據維修孔、空調出風口位置，先行將矽酸鈣板裁切預留開口規格，並拉出吊燈電線，最後再進行封板。

▼

 板材與板材縫隙之間先用 AB 膠打底，再貼不織布網袋、油漆批土，加強結構性，抵抗地震時的拉力。

木作天花板 Check List

確認	點檢項目
☐	消防部分的灑水管線以及樑的水平高度，還有平面配置後傢具的排列與高度比例等，都要事先考慮計劃清楚。
☐	確認管線是否全部完工並鋪設完畢，如空調機管線。
☐	確認天花板無漏水現象。
☐	確認地板完成面的高度不會影響櫃高、門高，若會要即時反應與修改。
☐	確認有無預留冷氣、排水管等維修孔，可做適當配置及美化。
☐	木作與 RC 天花板接合固定料要確實，避免天花板下沉產生裂縫。
☐	板材接合處有無離縫約 6 ～ 9mm 間距，方便補批土避免裂縫產生。
☐	事先以圖面確認嵌燈安裝位置，施工時避免角料因切鋸嵌孔遭結構破壞。
☐	間接照明開口大小是否適當，避免燈管外露或照度不足，破壞美感。
☐	有主燈的天花板需加強角材，避免天花板支撐力不足。
☐	天花板需嵌接之設備，如線型出風口、矩形嵌燈、喇叭等，均需事先規劃並確認相關安裝位置、尺寸。
☐	弧形天花板要注意弧度是否平順，以免影響後續塗裝與美感。
☐	最好選用不鏽鋼釘或銅釘的防水材質零件，避免生鏽影響整體美感。
☐	天花板的釘子釘頭是否確實入釘，釘頭不可外露。
☐	被釘物與釘子的比例適當，以不出釘為施工原則。

木作櫃體工程

　　現成櫃子經常不符合使用需求，因此大多數人喜歡選擇木工量身打造專屬的櫃體。這樣不僅可以設計出不同風格的櫃子，還可以根據使用頻率、美觀度和收納習慣等因素來進行訂製。櫃體有分開放形式和封閉形式。開放形式的櫃子可以透過增加層板、抽屜等方式來增加收納功能，同時也可以起到展示作用。封閉形式的櫃子則帶有門片，可以隱藏物品，讓空間看起來更整潔。在製作木工櫃體時，需要注意側面的結合方式和裝飾面的問題。安裝時要小心避免刮傷和碰傷，尤其是與樑柱或其他櫃子的結合處。至於裝飾面，有些需要塗裝，有些則不需要。因此，建議先列出木作櫃體計劃表，明確使用的材質、需要注意的事項和預留的孔洞，這樣可以方便施工和監工。把手也是櫃體設計的巧思之一，特別是木工訂製的隱藏式把手，可以打造出造型獨特且整潔的立面。

> 💬 **木作櫃體工程 Tips**
>
> 選擇能夠信任的木工工班十分重要，許多現場的狀況依賴木工的回報，以及利用其經驗建議解決現場疑難。木製材料要注意避免受潮，否則容易變質影響結構性的強度。

木作櫃體施工流程

STEP 01 現場確認施作櫃體型態，確認壁面及地板面垂直、水平平整狀況。

▼

STEP 02 依設計需求進行相關貼皮、裁切等櫃體框架施作。

▼

STEP 03 櫃內結構依需求進行固定立板或層板釘裝。

▼

STEP 04 封背板，櫃體組立結合。

▼

STEP 05 裁切活動層板、門片、抽屜組件、板材。

▼

STEP 06 以實木、不織布等進行收邊。

▼

STEP 07 進行層板、門片、抽屜等五金安裝。

▼

STEP 08 安裝層板、門片、抽屜。

▼

STEP 09 安裝塔頭、踢腳板。

▼

STEP 10 調整門片、抽屜等面板間隙。

木作工程

木作櫃體 Check List

確認	點檢項目
☐	選擇有緩衝功能的滑軌，長度根據櫃體深度選擇。
☐	確認使用需求，適當安排櫃體出線位置，提供網路、電源。
☐	高櫃或吊櫃如直接與天花板相連接，確認門片開啟半徑未裝設如燈具、灑水頭或感應器等天花板設備。
☐	檢查保護漆是否有磨平，若有凹凸可請油漆修補。
☐	確實並加強衣櫃、高櫃等具有載重性的櫃子的釘、膠合和鎖合，以避免變形和減少使用壽命。
☐	在木皮櫃體上保護好，禁止在皮板加工過的櫃子上放置任何飲料，禁止有水、油或汙漬附著。
☐	確保木皮的紋路對齊，上下門板要整片式結合，紋路方向一致，且比例切割要對稱，避免拼湊。
☐	對於特殊的貼皮如金屬板、塑膠板、陶質板，使用適當的貼著劑，避免脫落和不平整。
☐	層板若有荷重需求，應適當加厚或以植入金屬條的方式補強，避免變形。
☐	確保櫃內立板上銅珠層板五金的兩側對稱，預留的間距足夠，避免層板置入時不便。
☐	在設計軌道門板時，注意門板重量和上下固定動線，以免影響使用。

木地板工程

　　地板材質的選擇不外乎水泥粉光、磁磚與木地板，相對於水泥粉光和磁磚地板的冰冷感，木地板不只觸感溫暖，且能讓居家空間看起來更為溫馨。木地板施工前應先確認地板原始狀況，再來決定木地板鋪設方式，原始地板如果平整可選擇不須上膠上釘的超耐磨木地板，以直鋪方式鋪設；若不夠平整，可採用平鋪方式施工，利用多鋪一層夾板調整地板高低差，此一鋪設方式適合海島型木地板與實木地板；平鋪與直鋪完成面視覺看來並無差異，可視自身屋況與需求擇一施工；架高木地板施作前，要先確認是否在地板下方打造收納空間，如此一來才能與之對應架構骨架，再進行後續的封板與木地板鋪設。

　　值得注意的是，木地板切勿太早做，小心材質遭受破壞，有些工程容易產生「汙染」，一旦沒留意，將相對「細緻」的東西先做，很容易在施工時不小心就被刮到、噴到，或是弄壞。像是早一步先鋪了木地板，後面才做木作櫃，施作過程中材料搬進搬出、施工敲打等，都很容易使木地板被碰撞或刮傷。

木地板施工流程

STEP 01 確認地板原始狀態。

▼

STEP 02 選擇希望使用的木地板材質，應同時挑選好收邊條。

▼

STEP 03 決定木地板鋪設方式（平鋪、直鋪或架高木地板）。

▼

STEP 04 鋪設防潮布及隔音墊。

▼

STEP 05 依照平鋪或直鋪方式施工。

▼

STEP 06 實木或海島型木地板需先膠合，卡扣式超耐磨地板則可省略此步驟。

▼

STEP 07 一般與牆面接觸的位置可以矽利康收邊，但若遇到異材質交接處則須以收邊條做收邊。

▼

STEP 08 與異材質交接處作為木地板鋪設終點，並將收邊條尺寸列入計算。

💬 木地板工程 Tips

若選用實木或海島型木地板，須先以白膠黏合後再以釘槍固定，但若使用的是卡扣式超耐磨木地板，則不須上膠，以卡扣做拼接即可。須注意的是，在底板和面材之間的白膠要上確實，兩者間若不夠密合產生縫隙，踩踏時底板和面材會因為磨擦而發出聲響。

木地板 Check List

確認	點檢項目
☐	測量地面各點，抓出水平，確認有無高低落差。
☐	若發現有高低差，修正和其他材料相接處的厚度。
☐	地面上若有殘留之泥作小土塊，用榔頭或適合之工具輕敲去除。
☐	地面管路經過週邊要特別留意有無平順。
☐	最底層需鋪上一層防潮布，再鋪上 6 分底板，底板預留間距約為 3mm 左右。
☐	防潮布與防潮布之間，鋪設時要重疊，以免有遺漏之處。
☐	鋪設底板前要注意有無將管線處做記號，以免打釘時造成短路或漏水。
☐	底板建議使用較厚的 6 分板，品質較佳且隔音效果好，也比較牢靠。
☐	底板打釘後要以鐵錘進行敲釘的動作將釘子完全打入板材。
☐	將底板打釘固定後鋪上面板，以每 5 ～ 10cm 的間隔打釘。
☐	後續若還有其他工程要進行，做好保護工作，避免損壞木地板。
☐	施工時要確認預留的間隙符合未來膨脹空間。
☐	施工現場確認型號、材質、顏色是否正確。
☐	要確認企口是否會過緊或結合不一致。
☐	避免不同批次的材質使用在同一空間。
☐	若使用不同樹種的木地板，要注意銜接點處。
☐	可從切開的剖面看出是否有脫漆的跡象。
☐	如有載重與結構性結合的情況下，要注意木地板的厚度夠不夠。
☐	室外型的實木地板一定要用不鏽鋼螺絲或釘子結合。

架高木地板工程

　　劃分空間的方式，除了實體隔間，另也有人會以抬高地坪來取代，利用高度上的落差製造隱形界線，或者因為考慮地面不同使用的關係，比如水平度或者線管問題，可作為高度區隔，底下會放置適當高度的實木角材來作為高度上的運用，不過，此工法成本較高。架高地板主要是透過角材組出骨架，再依序下底板、鋪設木地板。施作前先確認是否在地板下方打造收納空間，如此一來才能與之對應架構骨架，再進行後續的封面與木地板鋪設，此外，因架高地板會有踩踏動作，骨架建議寬向間距約 30 ～ 40cm，以免踩踏時地板凹陷。組骨架的過程中，同時以雷射水平儀來抓結構各點的水平，另在結構的交界點也要適時地補強。最後要留意收邊，因木地板有超耐磨、海島型木地板之分，兩者收邊條不太一樣，在選擇木地板時應一同挑選好。

架高木地板施工流程

STEP 01　施作前進行地板的清潔，避免髒汙殘留於地面。

▼

STEP 02　鋪設防潮布及隔音墊。

▼

STEP 03　雷射水平儀在牆面做出所需架高地板高度的記號，標出預計完成平面高度 10cm 之後（含木地板），扣除地板以及夾板厚度，其餘為角材架設高度。

▼

STEP 04　以角材先框出架高範圍，接著再以地板下主骨架。

▼

STEP 05 骨架結構會分成上下兩層交錯,分別成橫向、直向,下層間距約 60cm、上層間距約 30cm。

▼

STEP 06 以雷射水平儀來抓結構各點的水平,另在結構的交界點也要適時地補強。

▼

STEP 07 以 6 分夾板作為底板,依序在底板、結構處上膠,覆蓋上夾板後可讓整個結構更為牢靠。

▼

STEP 08 上完膠後再用釘針固定。

▼

STEP 09 架高地板完成後則是進行木地板工程,按所選的樣式進行鋪設。

▼

STEP 10 在木地板的起始處,或是與異材質的接縫處,可用收邊條或是實木線板收邊。

▼

STEP 11 在牆面邊縫可用矽利康收邊。

架高木地板 Check List

確認	點檢項目
☐	若是選用超耐磨木地板，記得在鋪設時周圍要記得預留伸縮縫的空間。
☐	鋪木地板前應於施作面去除灰塵粉粒，待表面平整後再施作，避免影響平整性。
☐	直鋪地板要確認是否與原結構面密貼，以免釘子和地面無法釘合。
☐	確認地板底面是否太過鬆軟，避免釘子和地面無法釘合。
☐	如果地面為磨石地或 2cm 以上厚石材，確認木板密貼地板才有足夠咬合力。
☐	有明管線須注意架高時邊緣角材與地、壁要充分結合，不能懸空或產生聲響。
☐	確認地面配電完成避免增加事後挖除工程與拉線困難。
☐	打好水平後應確認所有地板完成面，以及門板間的高度。
☐	防潮布是否鋪設均勻，防潮布交接處宜有約 15cm 寬度。
☐	角材是否具有結構性的載重，角材間的著釘要確實。
☐	夾板是否用 12mm 以上厚度作為底板板材，離縫要 3 ～ 5mm 避免摩擦聲響。
☐	釘面材塗膠時是否考慮吸水性，使用適當的膠即可。
☐	上完底板時先做一次踩踏，走走看是否有出現聲音，若有發出聲響則需重新校正。
☐	鋪設完木地板時再做一次檢查，看有沒有牢固。

Part 9
系統櫃工程

　　系統櫃是一種具模組化形式的櫃體，可以根據居住空間尺寸和個人生活方式進行訂製。其主要優點在於功能性，但較難打造複雜的曲線設計。材料的選擇主要根據甲醛排放水平和吸水係數，其中 E1（或 F3）、V313、P3 和 P5 是常見的分類。在台灣潮濕的環境中，材料的輕微膨脹可能導致櫥櫃門卡住，因此需要有效管理濕度，或於容易受潮環境，如浴廁等使用以發泡板為底材之櫃體板材。選擇系統櫃製造商需要考慮不同的因素，包括價格、設計，以及材料的品質。大眾品牌、工廠供應商和設計師都有其特色和優勢。大眾品牌通常提供多樣化的選擇和一致的品質，而工廠供應商可能提供更具競爭力的價格。設計師則能提供專業的設計建議，以滿足特定的需求和風格。為了在潮濕的環境中維護系統櫃，需要定期檢查和維護。例如，定期清潔櫥櫃、避免積水，並使用除濕器來控制室內濕度。此外，選擇防水性能好的五金配件也是很重要的。

系統櫃施工流程

STEP 01 設計師與業主討論好需要做系統櫃的區域，並與廠商確認圖面。

▼

STEP 02 將板材依照施作空間進行分料，放置到不同空間中。

▼

STEP 03 依序將側板、頂板以 KD 螺絲鎖固、組裝櫃體。

▼

STEP 04 安裝內部配件，如：層板、抽屜、把手、門板等五金。

▼

STEP 05 將現場壁面、天花板與櫃體間以矽利康收邊。

💬 系統櫃工程 Tips

在工廠裁切好的系統櫃板材會直接送到現場進行組裝，通常不需要再進行裁切。但如果遇到特殊情況，例如有樑或需要現場配和收尾，安裝師傅會使用簡易設備在現場進行加工。系統櫃與木作櫃的主要差異在於，前者以功能性為主，並非以造型為主，建議業主根據自己的使用需求來決定選擇哪一種。

系統櫃 Check List

確認	點檢項目
☐	系統櫃工程需要與木作、水電、油漆等工程配合。
☐	由於需要配合其他工程，建議找有經驗的廠商或設計師整合相關工程。
☐	系統櫃功能為主，須考慮使用需求做決定。
☐	板材會先裁切再送至現場組裝，特殊狀況需要現場配合和收尾加工。
☐	將側板、頂板、後板以螺絲鎖好，組裝櫃體。
☐	組裝好的櫃體裝上調整腳，調整垂直水平，確定系統櫃水平是否有抓準。
☐	門縫大小是否一致，若是斜的，不是門片裁切有問題，就是安裝不佳。
☐	把手是否有在同一直線上，視覺上較好看。
☐	櫃子組裝後，壁面、天花板與櫃體間的縫隙以矽利康收邊。
☐	層板跨距不超過 60cm，超過需要加裝立板或嵌入金屬條，增強承載力。
☐	戶外或潮濕環境使用系統櫃，選擇戶外專用板材如發泡板，避免風雨損壞。
☐	施工順序為塗裝→系統櫃→木地板，換修木地板時，不需拆除系統櫃。

Part 10
廚房工程

由於廚房工程涉及到櫃體材質、門板材質、檯面材料、五金，還有廚房三機（瓦斯爐、烘碗機、抽油煙機），材料的選擇特別重要。尤其是五金類的拉籃、絞鍊、滑軌等，應儘量選擇耐用、不易損壞的材料。各種廚具訂購到貨時，應逐一確認每個材料的品牌、尺寸、顏色及使用方式。廚房應提前規劃，安裝的位置是否安全並符合使用者的需求。

一旦有了房屋現狀表和廚具需求表，就可以繪製出廚具平面、立面建議圖，標明電源控制、進出水、排氣系統與流向等，以及爐具是否為單口或雙口、抽油煙機及上櫃高度多少、預留多大的冰箱空位等。一般來說，瓦斯爐不應靠牆，需距離牆面 15cm 以上，以避免鍋子放不下碰撞到牆面。而爐台面到排油煙機的距離，需在 63 ～ 65cm 高之間，距離太遠，無法發揮排煙的效果；距離太近，火源會順著排油煙機的抽風進入而造成火災，必須謹慎小心。

櫥櫃安裝

　　櫥櫃一般可分成吊櫃和下櫃，安裝下櫃時要注意需留出給排水管、瓦斯管線、插座等出口，通常是現場測量裁切即可。而吊櫃則依照各家廠牌不同，有不同的懸吊器可供施作。吊櫃的安裝方式可分成隱藏式懸吊器、懸掛式懸吊器或是傳統式安裝。傳統安裝吊櫃的方式，是在牆面先釘上底板，再將吊櫃固定於底板上，有效增加承重力。而懸吊器則是取代底板的功能，懸吊器會搭配掛件，在桶身固定懸吊器後，再掛在牆面的掛件上。無須施作底板，安裝較快速，但懸吊式的問題在於櫃體會與天花留出 2 ～ 3cm 的縫隙，才能將吊櫃安裝上去，需額外修飾。

櫥櫃施工流程

STEP 01　放樣。

▼

STEP 02　測量管線尺寸後開洞。

▼

STEP 03　安裝桶身，同時利用雷射水平儀校準，桶身的高度水平是否一致。

▼

STEP 04　以鎖件固定桶身，避免歪斜。

▼

STEP 05　安裝廚房嵌入式家電，如排油煙機、洗碗機、烘碗機等。

▼

STEP 06 在桶身標誌五金的安裝位置，依安裝設定裝設。

▼

 STEP 07 安裝門片、抽屜、層板及附屬設備如燈條、吊桿。

▼

 STEP 08 測試門片抽屜開啟、設備機能正常。

▼

STEP 09 調整門片、抽頭等面板間隙。

 櫥櫃安裝 Tips

桶身與桶身相合時，先確認兩者之間的高低水平是否相同，若高低不平整，則會造成檯面傾斜。安裝時要注意門片必須與桶身密合，不可上下歪斜；另外要注意抽屜的安裝是否開闔順暢。

櫥櫃施工 Check List

確認	點檢項目
☐	確定安裝處已清掃乾淨，以免留下清潔死角。
☐	是否按圖施工。
☐	注意選用的桶身板材。
☐	確實測量冷熱給水管、排水管、瓦斯管線的寬度和長度。
☐	要注意櫃體水平和進出深度是否一致。
☐	安裝吊櫃時，要注意確認掛件的高度和距離是否正確。
☐	下櫃與吊櫃安裝好之後搖一搖，看是否有鬆動，連接處是否牢固。
☐	收邊與接縫是否密合。
☐	若吊櫃有走電源線，為了妥善隱藏電線，須先在桶身切出電線出口。
☐	廚具五金的結合方式與使用空間或結構的材質是否符合。
☐	所有五金配件須確認防鏽、順暢度、平整度。
☐	金屬線材質結合要確實。
☐	外掛式五金配件是否無缺少。
☐	線材接點是否確實依規範接合、絕緣。
☐	吊桿、滑軌等置重五金是否依設計規劃之型號及標準安裝方法組裝。

排油煙機安裝

排油煙機最重要的就是維持排風效果,一般來說,排風管的長度、管徑大小和折管數量都會影響到排風量的大小。排風管越長,排風量會逐漸降低,因此在更改廚房位置的情況下,需要注意風管長度不可超過 5m,若超過 5m 則需再加裝中繼馬達,維持排風效果,但設備要求須依廠商設定要求為主。另外風管的標準尺寸為 5 吋半的直徑,建議避免縮小管徑,且風管儘量不折管,以不超過 2 個彎為基準,否則可能造成回壓的問題,導致排油煙力道會降低。

排油煙機施工流程

STEP 01 事前丈量尺寸,並確認風管路線。

▼

STEP 02 抽油煙機會附上安裝的鎖件,將 L 型鐵片以螺絲固定於機器上。

▼

STEP 03 若重新更換排油煙機,原本的舊風管也要一起拆掉,安裝新的風管較安全。

▼

STEP 04 將排煙管圈安裝在排油煙機上。

▼

STEP 05 風管的一端與排煙管圈接合,可使用膠帶黏合或是套件鎖緊。

▼

STEP 06 另一端的風管穿進出風口,再從出風口拉出風管調整位置。

▼

STEP 07 將抽油煙機置入櫃內,再以螺絲鎖上。

▼

STEP 08 確認機器是否正常運作。

> ### 💬 排油煙機安裝 Tips
>
> 在更改廚房位置、天花高度不夠,或是原有的排風孔已安裝冷氣的冷媒管路,
> 會使排風管無法穿入,造成壓折管徑的情形,排風量也因而降低。因此在配
> 置管線前需安排風管的行走路徑,避免壓折管徑的情形發生。

排油煙機施工Check List

確認	點檢項目
☐	測試馬達運轉是否順暢。
☐	確保板與板的結合面密合無縫隙。
☐	檢查活動式擋煙板動作是否靈敏。
☐	確認集油杯材質要耐用耐熱。
☐	確認不鏽鋼材質的純度是否足夠。
☐	確保結合面使用不鏽鋼螺絲。
☐	檢查塑膠與橡膠類材質是否有耐熱功能。
☐	確保排油煙管接頭位置固定。
☐	確實結合櫃體與抽油煙機。
☐	檢查水自清式的抽油煙機是否有滲水情況。
☐	避免排油煙管使用塑膠材質。
☐	檢查抽油煙機的排油管是否皺摺彎曲。
☐	確保抽油風管使用金屬材質以避免發生火災。
☐	確認抽油風管管尾是否加防風罩,孔徑大小是否適當。
☐	確保抽油煙機與爐具相對稱。

流理檯面安裝

依照檯面和水槽材質，前置的施工方法略有不同。一般來說，不鏽鋼、人造石檯面的施工較為複雜，需在工廠施作，使檯面和水槽先行相接，在現場進行檯面組裝即可。人造石的可塑性較高，可利用膠合拼貼，組成 L 型或ㄇ字型檯面，造型的變化較多。而不鏽鋼檯面無法現場焊接，會有尺寸和搬運上的問題，因此多是做成一字型，且水槽與檯面是一體成型設計。美耐板檯面則是裁切出所需的水槽尺寸和龍頭孔洞等後，與牆面四周再以矽利康收邊即可。

流理檯面施工流程

STEP 01　在開始安裝之前，首先需要選擇流理檯面的材質。

▼

STEP 02　放樣。

▼

STEP 03　依照爐具和龍頭尺寸在檯面上做記號。

▼

STEP 04　若選人造石，利用機具在檯面上進行裁切，接合處填入碎料與膠，填補完研磨。

▼

STEP 05　若選美耐板，利用機具在檯面上進行裁切，放入水槽填縫後要重壓，才能與檯面密合。

▼

STEP 06　若選不鏽鋼，安裝不鏽鋼檯面時通常採取黏接方式進行，需要使用專業膠水，確保接縫的美觀。

▼

STEP 07 安裝止水閥（三角凡爾）與龍頭、水管、連接濾水器。

▼

 STEP 08 靠牆處矽膠填縫。

流理檯面施工 Check List

確認	點檢項目
☐	石材檯面若為 L 型檯面防水要確實。
☐	爐台木作櫃支撐力要足夠，並具防水處理。
☐	人造石檯面耐熱度要足夠，若無則易生裂縫。
☐	流理檯面的邊緣需確實處理毛邊。
☐	不鏽鋼檯面可用磁鐵檢驗不鏽鋼純度。
☐	不鏽鋼檯面的板與板結合點，可以整體滿焊式讓焊接確實。
☐	美耐板檯面的基材要具防水功能。
☐	封邊處理若使用 PVC 或 ABS，貼合要確實。
☐	彎曲面要確實壓合，若有彎曲面，須確認是否壓合且沒有表面縫隙。
☐	美耐板檯面板面切割面的防水收邊是否有確實處理。
☐	安裝時應確實確認廚具檯面水平度。
☐	防水收邊要確實，板材切割面的防水邊是否確實，以免板材膨脹與剝落。

水槽安裝

　　依照檯面材質，水槽的安裝可分成兩種形式，上嵌式和下嵌式。上嵌式以美耐板檯面為主，鋪設好美耐板檯面後，再裝置水槽，故水槽會在檯面上方，稱為上嵌。平接和下嵌式則是在工廠施作，將人造石檯面切割留出水槽的位置後，翻至反面，將水槽倒扣下壓，與人造石檯面密合，再以螺絲鎖緊，故水槽會在檯面下方，稱為下嵌。下嵌式的水槽與檯面一體成型，較不容易產生縫隙。安裝完水槽後再進行排水管的接合，要注意給排水是否順暢或有漏水問題。

上嵌式水槽施工流程

STEP 01 檯面進行放樣，畫出水槽尺寸後，進行裁切。

▼

STEP 02 矽利康打在水槽四周，將水槽放入檯面的開孔。

▼

STEP 03 安裝落水頭。

▼

STEP 04 依照排水管的尺寸和位置，裁切桶身，使排水硬管得以在櫃內露出。

▼

STEP 05 排水管與水槽銜接，注意需確實鎖緊，避免漏水。

▼

STEP 06 放水測試排水。

下嵌式安裝施工流程

STEP 01 　檯面與水槽在工廠預先接合。

▼

STEP 02 　安裝水槽與檯面。

▼

STEP 03 　接合檯面。

▼

STEP 04 　依照排水管的尺寸和位置，裁切桶身，使排水硬管得以在櫃內露出。

▼

STEP 05 　排水管與水槽銜接，注意需確實鎖緊，避免漏水。

▼

STEP 06 　放水測試排水。

💬 水槽安裝 Tips

一般來說，排水硬管若從地面出管，事後發生堵塞需維修時，就需鋸開櫃子才方便施作，因此為了事後維修方便，建議將硬管接至櫃內。

水槽施工 Check List

確認	點檢項目
□	選購的水槽尺寸大小是否與空間吻合。
□	進、排水位置是否符合設計，水槽安裝後應確實多次測試排水功能的順暢度。
□	水槽與檯面要注意邊緣的防水處理。
□	下嵌式水槽與檯面間結合是否固定。
□	注意扣具足夠支撐承接水後的重量。
□	瑯陶瓷類材質的厚度、塗裝是否經過良好處理。
□	使用金屬材質的排水緩衝器。
□	緩衝器的配件注意止水墊片是否固定。
□	水槽底部排水孔結合是否確實。
□	排水管是否為耐熱性材質。

爐具安裝

依照爐具樣式，可分成檯面爐、嵌入式台爐、獨立式台爐。獨立式台爐為早期常用的型式，與檯面分離，直接放置上去即可，優點是瓦斯管為明管設計，更換方便。嵌入式台爐和檯面爐則是與流理檯面相嵌，差別在於嵌入式台爐的開關在前側，有一定的高度，因此檯面下方需留約 16cm 的深度。檯面爐的開關則是位於面板處，下方就多出可作為抽屜的空間。安裝嵌入式台爐和檯面爐時，裝設處需事先開出和爐台同大的開孔，而後直接嵌入，依照各家廠牌的不同，有些會再附上螺絲鎖件固定。而開孔尺寸，各家廠商的尺寸也不盡相同，會於包裝內附上模板，依模板繪製即可。若為 IH 電磁爐則須考量其電壓與電功率事先設計專用迴路，避免跳電問題。

爐具安裝施工流程

STEP 01　在工廠預製面的爐台開口大小。

▼

STEP 02　爐具上的瓦斯進氣口以銅製鎖件和墊片鎖緊。

▼

STEP 03　安裝防水膠條。

▼

STEP 04　瓦斯管線裁減成適當長度，避免過長在櫃內形成彎折。

▼

STEP 05　瓦斯管一頭與天然氣出口連接，另一頭則接至爐具的進氣口，兩側施作時皆須鎖緊管束環。

▼

STEP 06　爐台嵌入檯面。

▼

STEP 07 瓦斯軟管鎖緊。

▼

STEP 08 蓋上爐盤、爐蓋。

▼

STEP 09 開火檢測驗收。

💬 **爐具安裝 Tips**

在裝設時要注意瓦斯管的位置不能被拉扯到，尤其是目前有很多在爐台下設置抽屜的設計，需特別注意開拉抽屜時是否會干擾到管線。

爐具安裝施工 Check List

確認	點檢項目
☐	確認有無合格的檢驗標章。
☐	爐口金屬邊緣是否修飾圓潤避免刮傷。
☐	鎖螺絲的結合點與爐櫃確實鎖合。
☐	爐架的座與腳是否有確實結合。
☐	爐具的電子開關和爐頭需緊密結合。
☐	注意爐具的烤漆面板是否做好烤漆處理。
☐	鑄鐵類材質是否有防鏽與耐熱處理。
☐	夾具與瓦斯管要固定，可避免瓦斯外洩。
☐	器具操作的開關或旋鈕安裝確實。
☐	瓦斯爐旁與邊緣不得放置易燃材質。
☐	瓦斯總開關位置是否方便操作。
☐	爐具安裝完後先試燒。

Part 11
衛浴工程

衛浴空間規劃要考量浴室在家中的位置、數量,以及動線規劃,這些都會有所影響。首先,浴室的位置應考慮便利性和隱私性。通常,浴室會位於臥室附近,以便夜間使用,但這取決於家居布局與個人偏好。如果有多個浴室,也應考慮到不同需求的家庭成員。浴室的動線規劃應該讓使用者能夠方便地進出,並確保浴室內的設備布局合理,像是門的位置、淋浴、馬桶、面盆等的配置,以確保在狹小的空間中能夠自如地進行盥洗和梳妝。衛浴施工通常包括面盆、馬桶、浴缸、淋浴設備等的安裝。這些設備可以是採用壁掛式或埋壁式,具體的選擇應該根據個人使用習慣與浴室設計來決定。然而,無論是哪種設備的施工,都涉及到水的處理、冷、熱給水、排水口徑、管道距離等。此外,產品規格可能依照歐美或日本的標準不同,產品本身的排水系統設計也可能導致漏水問題。因此,在安裝之前,必須仔細確認這些細節,以防止漏水問題的發生。

面盆安裝

　　面盆依安裝方式不同，概分為壁掛式和與櫃體結合的面盆設計，柱式面盆與壁掛式面盆的安裝方式幾乎相同，唯一的差異僅在柱腳安裝的有無。其中，不論是面盆獨立擺置於檯面，或進一步整合於檯面，如下嵌式面盆，支撐面盆本體的承載力是決定使用面盆安全性的關鍵，如不鏽鋼壁虎、壁掛浴櫃或平台等是否平穩牢固。除此，因面盆的不同規格，面盆的排水系統會有所差異，造成家中排水管口徑與面盆的交接處無法相容，需要尋求「轉接頭」來解決，若沒有做適當的處理，洗手檯日後可能成為浴室裡的漏水角落。

與櫃體相嵌面盆施工流程

STEP 01 牆體內電力，給水暗管及櫃體安裝位置。

▼

STEP 02 依據產品所附的安裝尺寸圖，標記鑽孔的位置。

▼

STEP 03 用電鑽搭配 4 分鑽尾，在吊掛吊櫃的標示位置鑽出深 5cm 的孔。

▼

STEP 04 放入尼龍壁栓，鎖入外六角螺絲，螺絲帽離壁面約 1cm。

▼

STEP 05 將浴櫃掛上，接著調整浴櫃的吊掛五金，吊掛五金有兩個螺絲，可以調整浴櫃的左右跟高低。

▼

STEP 06 在檯面放上水平尺,確保浴櫃的水平。

▼

STEP 07 分別在檯面和面盆底部塗上矽利康,依照標記的位置,將面盆嵌在檯面上固定。

▼

STEP 08 擦拭溢出的矽利康,將檯面清理乾淨。

▼

STEP 09 冷、熱水管以顏色區分,冷水管是藍色、熱水管為紅色,分別接上冷、熱給水管後,鎖緊螺絲。

▼

STEP 10 調整墊片位置,確認排水管的進出深度。排水管與落水頭相接後旋緊。

▼

STEP 11 將水龍頭安裝在面盆上,接著將面盆嵌入浴櫃,並將冷熱水管跟排水管安裝好。

▼

STEP 12 面盆注水後,確認給水和排水管的相接處是否有滲水問題,並確認排水是否順暢。

衛浴工程

壁掛式面盆施工流程

STEP 01 牆體內電力，給水暗管及櫃體安裝位置。

▼

STEP 02 放樣，依面盆尺寸在牆面打安裝孔。

▼

STEP 03 依照牆面的安裝孔打入壁虎，需露出 7cm 於牆外用來固定面盆。

▼

STEP 04 對準壁虎的位置，安裝面盆，以水平尺確認面盆的進出和水平後鎖緊螺絲。

▼

STEP 05 安裝龍頭。

▼

STEP 06 安裝落水頭。

▼

STEP 07 接上壁面冷、熱水管、排水管。

▼

STEP 08 面盆注水後，確認給水和排水管的相接處是否有滲水問題，並確認排水是否順暢。

💬 面盆施工 Tips

面盆的規格分成歐美規、日規，不同的規格在排水系統的設計也不一樣，日規面盆產品的排水系統附上水龍頭，歐規則是分開賣。面盆、水龍頭的規格不同，雖然可透過「轉接頭」來處理排水管口徑、面盆相接處的問題，但日後漏水現象也最常出現在這裡。

面盆安裝 Check List

確認	點檢項目
☐	慎選合格的水電師傅。
☐	確認安裝高度是否符合人體工學。
☐	確認面盆規格與家中管線是否相符。
☐	檢視面盆水平與排水。
☐	處理面盆與壁面之間的填縫。
☐	確認冷熱水管出水口的水平。
☐	安裝面盆於實心的磚牆或混凝土牆上，並請專業施工人員協助。
☐	使用不鏽鋼材質或耐蝕料件的金屬配件。
☐	在螺栓與面盆的鎖固處加上橡皮墊片。
☐	確認臉盆與牆壁是否保持密合；鑽孔孔徑與螺栓是否安裝精確；螺栓鎖緊處是否龜裂。

馬桶安裝

　　早期大都採用水泥固定馬桶的濕式施工法，一旦遇到需要做檢測時，需將馬桶整個敲除，造成馬桶損壞破裂。因此衍生出鎖螺絲的乾式施工概念，當馬桶或管線塞住時，割開馬桶與地面交接的矽利康填縫就可以進行維修，一來延長產品的使用期限，避免無謂浪費，二來施工更便捷。不論是乾式或濕式施工，安裝時皆需以馬桶中心線為基準，馬桶與側牆之間預留 70 ～ 80cm 以上的寬度，使用時才不會覺得有壓迫。選擇馬桶時除機能價位外，也要確認採購馬桶排水口設定是否符合原設定。

馬桶濕式施工流程

STEP 01 規劃馬桶安裝區域。

▼

STEP 02 確認馬桶規格、配電需求。

▼

STEP 03 在地面放樣，確認安裝位置。

▼

STEP 04 調和水泥砂漿。

▼

STEP 05 沿著馬桶施工範圍處鋪排 1：3 的水泥砂漿，施作時應避免水泥汙染糞管，造成日後堵塞。

▼

STEP 06 馬桶與糞管緊密黏靠後，校正馬桶水平、清理地面接縫處溢出的水泥砂。

▼

STEP 07 安裝水箱。

▼

STEP 08 測試沖水是否順暢、不漏水。

馬桶乾式施工流程

STEP 01　規劃馬桶安裝區域。

▼

STEP 02　確認馬桶規格、配電需求。

▼

STEP 03　在地面放樣,確認安裝位置。

▼

STEP 04　確認相關口徑、管距規格後,預先在地面標註馬桶的安裝孔位置,作為埋入壁虎固定使用。

▼

STEP 05　為了避免糞管的臭氣外洩,馬桶底座的排便孔外側確實安裝油泥,將馬桶對準糞管安裝、密合。

▼

STEP 06　馬桶與地面接縫處、鎖孔等用矽利康填封。

▼

STEP 07　安裝水箱。

▼

STEP 08　以填縫劑填補馬桶與地面間的縫隙。

▼

STEP 09　測試沖水是否順暢、不漏水。

馬桶安裝 Check List

確認	點檢項目
☐	進場時須確認馬桶型號、規格是否正確。
☐	馬桶與糞管的銜接是否確實。
☐	馬桶的排水是否順暢。
☐	注意懸壁式馬桶的荷重力。
☐	固定馬桶時底座與地面排水孔是否對正,同時注意磁磚收邊,避免排水不良。

淋浴設備安裝

　　淋浴設備安裝方式主要分為壁掛式、埋壁式,安裝的高度需符合人體工學。一般來說,整體的淋浴空間通常規劃為 90×90cm,最小不應小於 80cm;蓮蓬頭開關主體約離地 80 ～ 90cm,花灑出水位置建議為使用者身高＋20cm。埋壁式的施工較為繁複,需與泥作工程配合,雖然美觀但維修拆卸不易。壁掛式的安裝方式較為簡易,在壁面鑽孔固定即可,事後拆卸更換方便。另外要注意的是,高樓層住戶或老屋若想安裝花灑,安裝前最好確保家中水壓是否足夠,若不足則須另裝加壓馬達。

壁掛式淋浴設備施工流程

STEP 01 規劃淋浴空間。

▼

STEP 02 依據動線設計冷、熱水出水口。

▼

STEP 03 安裝前，先拆開壁面的出水口並放水，讓水流一段時間排除管中雜質，以免未來堵塞。

▼

STEP 04 S 彎頭纏上止洩帶後接牆，套上修飾蓋連接龍頭主體，並安裝至壁面。

▼

STEP 05 先於牆面試擺淋浴柱安裝位置，以水平尺確認垂直、進出是否達到一致，並標記安裝記號。

▼

STEP 06 在牆面鑽洞，安裝底座。接著安裝淋浴柱，並鎖緊底座螺絲。

▼

STEP 07 安裝完後確認進出深度是否一致。

▼

STEP 08 安裝軟管和蓮蓬頭，注意軟管與龍頭相接的部分是否密合。

▼

STEP 09 花灑與淋浴柱相接，並旋緊。

▼

STEP 10 裝設加壓馬達（依需求增設）。

淋浴設備 Check List

確認	點檢項目
☐	淋浴間的大面積玻璃要加強支撐。
☐	確認冷熱水管出水口的水平。
☐	打鑿時避免打到壁面管線。
☐	注意淋浴拉門的開啟方向並預留足夠的空間。
☐	淋浴間有留適當坡度的排水孔。
☐	注意五金與牆壁的結合是否確實。
☐	淋浴拉門的結合點及軌道潤滑平順，閉門是否有止水功效。
☐	確認玻璃鋁框拉門材質強度，避免單點撞擊並做好固定支撐。

Part 12
塗裝工程

像化妝一樣，塗裝工程從底層到彩繪，每一個步驟都影響整體效果。開始施工前，需要了解一些基礎但重要的觀念，例如，批土、打磨雖然看不見，但它們是為後續的塗漆工序打好基礎的關鍵。此外，也需要了解如何計算塗料用量的公式、使用溶劑的風險、安全施工的原則等，這些都是每次施工都會遇到的重點。

由於塗裝施工需要進行保護工作，可能會影響其他工種的進行，而其他工種產生的灰塵有機會導致塗裝效果不佳。因此，在塗裝工程進行時，不應安排其他工程，以免影響最終成果。塗裝工程通常在木作完成後開始，為了確保塗裝工程的品質，建議在木作完成時清潔現場，為塗裝工程提供一個乾淨的環境。

在監工時，要注意是否有遺漏批土、牆面是否粗糙、轉角是否尖銳，打磨後的牆面是否還有顆粒，天花板修補處的縫隙是否有缺角等，這些都是需要特別注意的細節。

手刷漆工法

這是最普遍而傳統的塗漆工法，可由修繕大賣場或五金行中購得塗料與塗刷工具，即可進行牆面粉刷的工程。徒手刷漆的工法速度礙於刷子面積小，所以施作的工時較久，但是不易受牆角或轉折的限制，甚至小小的邊框也可輕鬆刷，自由度很高，也可有藝術性的創意發揮。一般人擔心手刷牆面容易有刷痕與刷毛問題，其實專業師傅還是可以刷出很平整光滑的牆面，而且手刷的牆面若想局部補漆較容易，不像噴塗工法若局部用手刷補漆，就會產生像補丁般有接痕的突兀感。

手刷漆施工流程

STEP 01 丈量坪數，再依漆罐標示計算漆量。

▼

STEP 02 牆面漆量還需考慮窗戶的問題，若遇有落地窗則可減量；至於屋高可依 2.6 米為標準，再依據自家屋高來斟酌加減漆量。

▼

STEP 03 檢查並去除牆表面的異物。

▼

STEP 04 使用刮刀將舊有破損或不平整的漆膜鏟刮乾淨，再以鋼刷將粉塵清除刷掉。

▼

STEP 05 以刮刀取適量批土填平凹洞處，批土的動作可先由主要坑疤區與較大的面積處做起。

▼

STEP 06 接著局部小處作「撿補」的動作，直到表面完全平整為止。

▼

STEP 07 第一次打粗磨與清潔。

▼

STEP 08 做二次批土、打磨與清潔。

▼

STEP 09 等乾燥後打磨，再重複上底漆，通常會上 2 ～ 3 道。

▼

STEP 10 將塗漆充分攪拌調勻後，開始上面漆。

💬 塗裝工程 Tips

如何準確計算出用漆量呢？依據想塗刷空間的地坪面積乘以 3.8 倍，可約略計算出天花板與牆面的塗刷面積量，如果只刷牆面則僅需乘上 2.8 倍，接著再依選定產品各自不同的耗漆量，即可估算出需要的用漆量。

噴漆工法

　　噴漆工法屬於專業的油漆師傅才會使用，一般屋主因為沒有高壓噴漆機，所以較不會選用。師傅選擇噴漆工法主要在於施工較快速，且漆面很均勻，尤其使用在天花板上最省力，也可減少油漆滴落的問題。不過，噴漆儘量在空屋使用，或是將空間中所有物件妥善包覆，以免物品或室內裝潢被飄散的漆汙染。為避免噴漆堵塞機器，塗料需加適度的水稀釋，因此漆膜較薄，需要多上幾道。此外，比起其他工法，噴漆前的牆面處理要更平整，比較講究的師傅每次噴漆後還要做打磨，就是務求牆面平光無瑕。

噴漆施工流程

STEP 01	計算油漆用量。

▼

STEP 02	牆面清潔。使用養生膠帶、紙膠帶進行保護。

▼

STEP 03	第一次批土。

▼

STEP 04	打磨。

▼

STEP 05	第二次批土。

▼

STEP 06 打磨。

▼

STEP 07 重複噴 2 道底漆。

▼

STEP 08 噴塗過程需搭配打磨,以確保噴漆面的平整,會讓噴漆效果更加完善。

▼

STEP 09 依照各品牌漆膜覆蓋狀況重複施作,如有少量表面髒汙、橘皮等,適當打磨再以稀釋塗料使用兔毛刷手刷施作。

💬 塗裝工程 Tips

噴漆效果要求均勻平光,但底牆若未確實做好批土工作,或只批一次,在補土乾掉收縮後會顯出凹陷狀,後續就算噴漆工夫再好也無法彌補牆面不平的問題。

塗裝工程

塗裝工程 Check List

確認	點檢項目
☐	避免使用過期漆。
☐	徹底檢查牆面有無油漬。
☐	施工前要做好傢具的防護。
☐	批土前先在壁面、天花板的縫隙和釘孔處批上 AB 膠。
☐	由於牆面建材會吸附水氣，批土越厚，未來越容易產生龜裂。
☐	加強窗邊、窗角、牆角處的批土。
☐	檢查牆面的毛細孔、小坑洞和裂縫等，確保都已批土到位。
☐	確認 AB 膠和批土已填入並整平完成。
☐	批土完成後，才進行天花板、壁面上漆的工作。
☐	施塗前先塗一小塊確認色系。
☐	底漆要能掩蓋牆面瑕疵。
☐	天花板、壁面的水泥漆需要塗裝多次，才能蓋住牆壁建材的原色，達到所需的品質。
☐	可考慮以噴漆方式進行水泥漆的塗裝，可以避免刷痕，讓整體看起來更美觀。
☐	檢查表面是否有刷痕、塗料滴流，或是殘留的刷毛，並確認是否平整。
☐	工程完成且塗料完全乾後，方可進行後續工程。

Part 13
除濕工程

專業諮詢暨資料提供 _ 台灣防潮科技股份有限公司

　　在進行全室除濕工程前，可以先觀察居家環境是否具備安裝條件。天花板必須是裸露的狀態，並預留至少 40cm 的高度，而維修孔開口大約需要留下 80x60cm，方便後續維修。此外，除濕設備為朝右邊抽風，安裝前須先確認管道位置及進排氣方向，出迴風口之間的距離至少須維持 250cm。由於除濕設備本身具備空氣清淨功能，內部濾網可以避免 PM2.5、塵蟎等相關問題，大約一年需要更換一次濾網，所以安裝時要注意設備與牆面的距離，須離牆 24cm，不能完全靠在牆面，以利後續抽換濾網。另外，設備是朝右邊抽風，因此安裝時要注意細節。配電時，請將電源插座接到專用的分路斷路器（20A），設備需要獨立迴路，以避免跳電與其他危險，同時與水電工人溝通，確定設備放置的位置，以便提供相應的配電。在排水方面，使用 3 分的無菌吸管，需要特別注意插入方式和固定，以避免漏水。除濕設備的安裝順序是先進行水電工程，接著是設備的安裝，最後才是木工。在安裝設備時，需要先調整風管和排水的銜接，然後再進行其他工程。在裝上設備後，進行試機時需要有電力供應，並強制進行排水功能的測試，以避免漏水問題。值得注意的是，20 坪以下通常安裝一台即可，但如果要分成三個區域除濕，可能需要安裝兩台。

除濕工程流程 ▶

STEP 01 安裝前必須與水電工人溝通，確認安裝位置與檢查口設置處。

▼

STEP 02 預先配置各型號對應電壓之標準插座，在進行配線時，插座至本體安裝位置需約 150cm 以內。

▼

STEP 03 在預留的安裝口位置上方貼上安裝模板鑽孔後，於天花板完成四支吊筋的設置。

▼

STEP 04 安裝除濕設備本體。

▼

STEP 05 將風管連接風管接頭並將連結處確實固定避免漏氣。

▼

STEP 06 請安裝專用的漏電斷路器並確認插座符合標準。

▼

STEP 07 安裝紅外線接收器。

▼

STEP 08 安裝壁掛觸控面板。

▼

STEP 09 預先設置一個排水孔，可與現有空調排水系統共管。

▼

STEP 10 將 2 公升的水倒入水桶，接著放入沉水馬達，再將測試用淨水器專用 PE3 分管插入本體排水接頭啟動馬達，將水完全注入水箱後關閉馬達並移除測試用水管。

▼

STEP 11 安裝排水管線。

▼

STEP 12 檢查並測試排水。

▼

STEP 13 接通電源及試運轉測試。

▼

STEP 14 運轉中確認機體安裝牢固，無震動或異常噪音。

▼

STEP 15 測試無誤後，表示安裝完成。

💬 除濕工程 Tips

若天花板四周狹小，則在安裝好本體後進行電氣工程的配線作業時可能會比較困難。在此情況下，建議預先將電線佈線到檢查口附近。配電施工應遵照國家標準及屋內線路裝置規則要求，安全可靠的進行。

除濕工程 Check List

確認	點檢項目
☐	不要安裝在使用有機溶劑及噴霧劑的場所。
☐	不要安裝在可能會直接碰到火焰的場所。
☐	不要安裝在傾斜的天花板上，可能導致漏水。
☐	天花板四周高度須有 **32cm** 以上的空間。
☐	確認電源插座是否確實安裝接地線。
☐	請務必將本體固定在天花板上，配線應預留約 **200cm** 長的餘量，否則將不能對本體進行保養。

☐	設備吊裝天花板高度預留 **40cm**。
☐	木工開維修孔：長 **80x** 寬 **60cm**。
☐	使用獨立迴路並使用 **20A** 的電源。
☐	注意設備放置位置，需離牆 **24cm**，以利後續抽換濾網。
☐	確定機體的安裝方向正確。
☐	安裝時注意排水和迴風孔的協調。
☐	請勿用絕熱材料覆住本體表面。此外，機體與絕熱材料須距離 **10cm** 以上。
☐	確保木工工程在水電和設備工程之後進行。
☐	電氣配線請從絕熱材料上方通過。
☐	絕熱材料使用苯乙烯時，電源電與控制開關連接線請勿與其接觸。
☐	確保集風箱銜接正確。
☐	安裝或維修時，關閉電源並確認電源電壓。
☐	在現場裝施工期間，禁止機體運轉並做好防塵、防汙。
☐	牢固地安裝機體以避免產生異樣噪音。
☐	確實安裝好各部件，避免掉落引起傷害事故。
☐	確保埋線、控制器和控制面板或遙控器的安裝正確。
☐	安裝完畢後進行試機並測試排水功能，且排水接頭固定並不漏水。
☐	檢查風口和迴風是否正常。
☐	確認現場清掃完畢、空氣中飄浮物和氣味已清除，機體已清潔。

Part 14
空調工程

空調簡稱為 AC（Air Conditioning），由於空調工程需要安裝冷媒管、排水管、室內機等設備，所以必須在木作工程之前進行安裝，以確保這些管線和機器被木作包覆好，不影響室內空間的美觀。吊隱式空調還需要考慮迴風口和維修口的規劃，以確保空氣對流良好，並且方便日後的維修。現代空調大多分為壁掛式和吊隱式。壁掛式空調可以直接安裝在牆壁上，便於維修和保養；而吊隱式空調則隱藏於天花板中，不會破壞整體裝潢風格，但施工和維修相對複雜。無論是哪種機型，若要空調發揮最佳效能，就需要良好的通風動線規劃。因此，機體安裝位置非常重要，因為空間大小和周邊環境都會影響空調的選擇和安排。

若在設計之初沒有將空調系統納入計劃，未來可能需要以「明管」的方式進行規劃。建議可以先預留管線和室內機的開口位置，暫時不安裝室外機和室內機，如此一來，未來需要安裝空調時，可以節省一筆費用，也不至於影響美觀。

壁掛式空調安裝

　　壁掛式空調可分為分離式與多聯式兩種，簡單來說分離式就是一對一（一台室外主機對應一台室內機器）；多聯式就是一對多（一台室外主機對應多台室內機）。一對多的設計適合大樓型建築狹窄的室外空間，但如果室外空間充足，一對一是較好的選擇，因故障淘汰時較省錢。壁掛式冷氣在木工進場前，室內部分只裝設銅管、排水管、電源等，裝機則為塗裝工程退場後。另外注意裝設時千萬不能將室內機全部包覆在天花板內只留出風口，冷氣四周應該留有適當的迴風空間，機器上方需距離天花板 5 ～ 30cm 不等，前方則至少需有 30 ～ 40cm 不被阻擋（依各品牌型號安裝設定為準）；且裝設時不應只考慮與室外機距離遠近，建議安裝在長邊牆，才能讓冷氣在短時間內均勻吹滿空間降低室內溫度（但仍需視現場空間比例及實際生活作息而定）。

室內機安裝流程

STEP 01 評估空間大小，使用人數、熱源多寡、開窗位置、日光照射、是否有頂樓西曬等問題。

▼

STEP 02 施工前要先擬定好空調施工規劃。

▼

STEP 03 木工、水電與空調一同協調空調施作。

▼

STEP 04 定位、放樣、畫線。

▼

STEP 05 在安裝冷氣之前，冷氣師傅需將銅管要從室外機處適切地配置到室內機處。

▼

STEP 06 配置電源線（給室外機用的）跟控制線（室外機接到室內機）。

▼

STEP 07 接著配置排水管，並注意一定要做好洩水坡度，不然水會在水管中積存，進而導致室內機漏水。

▼

STEP 08 裝置冷氣背板。

▼

STEP 09 安裝完室內機一定要試排水，建議清潔完至少開機運轉 4～8 小時才能確認有無問題。

室外機安裝流程

STEP 01 掛架安裝。

▼

STEP 02 美化管槽安裝（引導並保護）。

▼

STEP 03 機器定位。

▼

STEP 04 電源配置（漏電斷路器安裝）。

▼

STEP 05 銅管及排水的接續。

▼

STEP 06 冷媒管抽真空，排除管線中的空氣與雜質。

▼

STEP 07 填充冷媒測試壓力。

▼

STEP 08 開啟室內機確認連動狀況及功能。

空調工程

吊隱式空調安裝

吊隱式空調可以將機體隱藏在天花板，看起來整齊美觀，所以通常會被建議配置在公共空間內，讓空間視覺達到一致性，坊間各品牌設備尺寸均有差異，設備會影響未來天花板施工完成面高度，規劃時業主應與裝修公司確認品牌、規格及其限制。

吊隱式空調在施工階段室內機於木工進場前需裝機完畢，首先空調工程師傅會先安排冷媒管與排水管線位置，接著將室內機吊掛於天花板上，並將冷媒管與排水管銜接到室內機上，之後分別安裝集風箱與導風管。在安裝完導風管後換木作師傅進場，以角材骨架施工製作天花板，並在封矽酸鈣板前安置集風箱。接著進行封板動作，並於油漆完成後裝上線形風口，施工時出迴風口要注意位置及比例，因為風口是線形設計，常見為側吹型或下吹型，安裝側吹型須注意出風口及迴風口距離不宜太近，避免短循環致使冷房效益不佳。另外，出風口及迴風口設置比例應至少為 1：2，迴風量足夠方能達到空氣交換運轉效率。

吊隱式空調和壁掛式空調於安裝僅有一個大的差異：壁掛式的室內機於最後的塗裝工程後安裝，吊隱式則需請木工先叫好角料，並於木工進場前安裝，好施作包覆，再者，吊隱式須於設備下方天花板設立適當位置、尺寸之維修口，作為未來濾網、設備清洗、拆卸、維修之用。

室內機安裝流程

STEP 01 擬定空調施工規劃。

▼

STEP 02 定位、放樣、畫線。

▼

STEP 03 接配銅管、電源、排水管。

▼

STEP 04 確認室內機吊掛位置。

▼

STEP 05 懸掛牙桿、螺絲引洞,打入膨脹螺絲、將牙桿鎖在膨脹螺絲上。

▼

STEP 06 安裝室內機。

▼

STEP 07 油漆完成後安裝線形出風口。

室外機安裝流程

STEP 01 掛架安裝。

▼

STEP 02 美化管槽安裝(引導並保護)。

▼

STEP 03 機器定位。

▼

STEP 04 電源配置(漏電斷路器安裝)。

▼

STEP 05 銅管及排水的接續。

▼

STEP 06 冷媒管抽真空，以排除管線中的空氣與雜質。

▼

STEP 07 填充冷媒測試壓力。

▼

STEP 08 開啟室內機確認連動狀況及功能。

空調工程 Check List

確認	點檢項目
☐	和設計師溝通並事先規劃吊隱式空調的施工和前後工程。
☐	確保排水管在砌磚牆時正確埋入並注意排水坡度。
☐	考慮好室內機的出風方式和位置。
☐	出風口最好是直吹，距離設備到出風口越短越好。
☐	迴風口應該在機器周圍，避免影響空調效能。
☐	檢視是否有預留維修孔並確認位置正確。
☐	請專業廠商定期處理維護室內機隱藏於天花板。
☐	擬定空調施工規劃，預留適當空間放置機器及考慮維修狀況。
☐	留意天花板高度及排水管坡度等。
☐	空調系統試機應在所有工程完工後再測試，以避免吸入現場工地的粉塵導致機器故障。

Part 15
地暖工程

專業諮詢暨資料提供 _ 五陽地暖

　　地暖設備可加熱整體地面，利用地面自身的蓄熱和熱量，以及向上輻射的規律，由下至上進行傳導熱能，並運用熱空氣往上、冷空氣往下的物理方式，讓整體空間由下而上，感到溫暖舒適。當設計師規劃地暖前，要先確認業主希望在什麼區域，使用哪種地板材料。畢竟，不同地板材料，施工方式皆不相同，以泥作為例，分成濕底、硬底、半軟底等，而木地板分為直鋪、平鋪、架高這幾種施工方式。地暖可以直接置入於地板工程，且有不同形狀與品牌可供挑選，不需要因為使用地暖而改變地板材質，讓設計師與業主容易應用到不同的生活場景。地板材質關乎到後續地暖系統與施工方式。若是選擇磁磚或大理石、無縫地坪，建議使用電纜加熱，而不使用 MITAKE 電熱膜，因為電熱膜與串聯電線難以抵擋水泥的侵蝕，因此採用濕底、硬底、半軟底等水泥工法會使用濕式電纜線。若是地板材質選擇木地板，則較適合採用乾式 MITAKE 電熱膜。以下將會分別介紹木地板、磁磚或大理石的地暖施工方式。

平鋪木地板地暖工程

　　日本 MITAKE 地暖系統依點、線、面概念是導熱效果最好的面狀發熱體，直接加熱木地板達到快速表面升溫，且 PTC 自動控溫可以大面積的被地毯覆蓋而不會使其溫度異常升高，這種電熱膜發熱溫度可以達到 35～45 度。木地板主要分為四種類型：SPC 石塑、超耐磨、海島型、實木地板。平鋪工法：水泥面必須先放置透明防潮布，以防止水分滲入，之後鋪上地暖廠商的隔熱反射墊，再鋪上夾板，接著於夾板上鋪一層厚度僅 0.43mm 的黑色 MITAKE 電熱膜，並透過電線串接電流，最後鋪上木地板，依 15cm 間隔打釘，不僅方便工程進行，也不占樓高。

平鋪木地板地暖施工流程

STEP 01　確定地板材質、地暖使用區域與系統。

▼

STEP 02　自牆面開關面板處預留電源與套管至地板。

▼

STEP 03　先於地面放置透明防潮布。

▼

STEP 04　鋪設反射隔熱層。

▼

STEP 05　木地板廠商鋪設3分以上夾板。

▼

STEP 06　確認木地板的鋪設方向，因MITAKE發熱膜要與木地板方向垂直。

▼

STEP 07 依照圖面在夾板上開槽挖洞。

▼

STEP 08 設置MITAKE發熱膜並串接電線。

▼

STEP 09 將電線拉到開關處預留。

▼

STEP 10 實木與海島型木地板施工打釘，每15cm打釘固定。

▼

STEP 11 木地板施作完成。

▼

STEP 12 安裝地暖面板。

💬 **地暖工程 Tips**

PTC（Positive Temperature Coefficient）是一種自動控溫的技術，能根據局部區域的溫度高低調控發熱；也就是說，當一些區域因為物體、傢具的遮擋或者陽光的照射而溫度升高的時候，PTC 自動控溫技術能自動調節，增加發熱體的阻抗，此一特性讓地暖系統達到安全與節能。

平鋪木地板地暖工程 Check List

確認	點檢項目
☐	施工前，檢查地面是否平整、現場是否漏水。
☐	確認現場家配有無調整。
☐	注意木地板是否有調整鋪設方向。
☐	核對施工範圍是否需要調整。
☐	依照最後確認的圖面，在夾板上開槽挖洞並施作 MITAKE 發熱膜。
☐	做完後，先接電源開關。
☐	通電發熱後，測試發熱膜溫度是否達到 35 度以上。
☐	現場使用紅外線熱顯儀與客戶確認範圍並驗收。
☐	利用高阻計檢查絕緣電阻值，確認是否漏電。
☐	搭配漏電斷路器保護，不僅使用更安全，還能避免觸電風險。

架高木地板地暖工程

　　架高木地板與平鋪木地板的地暖施工的流程大致相同，兩者差異在於架高木地板多了下主骨架與角料的步驟，當木工放置角料時，需要通知地暖廠商放置反射斷熱層，才能繼續進行夾板的施工，此外，由於平鋪木地板需要在夾板上開溝才能串接電線，但是架高木地板時，可以從底部進行穿線，不需要開溝，較不易破壞夾板，可根據業主需求選擇合適的施工方式。

架高木地板地暖施工流程

STEP 01 確定地板材質、地暖使用區域與系統。

▼

STEP 02 測量地面水平。

▼

STEP 03 自牆面開關面板處預留電源與套管至地板。

▼

STEP 04 鋪減震隔音墊。

▼

STEP 05 下地板主骨架，主骨架與主骨架之間約距30～45cm。

▼

STEP 06 下橫角料。

▼

STEP 07 封板前，地暖廠商鋪設反射隔熱層。

▼

STEP 08 木地板廠商鋪設3分以上夾板。

▼

地暖工程

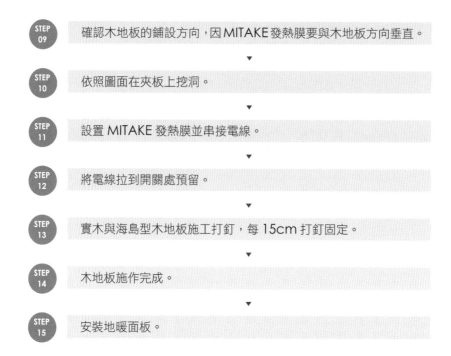

STEP 09 確認木地板的鋪設方向，因 MITAKE 發熱膜要與木地板方向垂直。

▼

STEP 10 依照圖面在夾板上挖洞。

▼

STEP 11 設置 MITAKE 發熱膜並串接電線。

▼

STEP 12 將電線拉到開關處預留。

▼

STEP 13 實木與海島型木地板施工打釘，每 15cm 打釘固定。

▼

STEP 14 木地板施作完成。

▼

STEP 15 安裝地暖面板。

架高木地板地暖工程 Check List

確認	點檢項目
☐	施工前，檢查地面是否平整、現場是否漏水。
☐	確認現場家配有無調整。
☐	注意木地板是否有調整鋪設方向。
☐	核對施工範圍是否需要調整。
☐	依照最後確認的圖面，在夾板上挖洞並施作 **MITAKE** 發熱膜。
☐	做完後，先接電源開關。
☐	通電發熱後，測試發熱膜溫度是否達到 **35** 度以上。
☐	現場使用紅外線熱顯儀與客戶確認範圍並驗收。
☐	利用高阻計檢查絕緣電阻值，確認是否漏電。
☐	搭配漏電斷路器保護，不僅使用更安全，還能避免觸電風險。

大理石、磁磚地暖工程

　　一般來說，若地板材質選用大理石或磁磚，適合運用濕式電纜型電地暖系統，可以選擇德國 Halmburger、美國 Raychem 這兩個品牌，建議在衛浴空間使用德國 Halmburger 的 EVTW- 雙芯發熱電纜，此款電纜針對冷熱線轉接處有加強絕緣處理，防水性能極佳，而一般居家公領域則推薦使用美國 Raychem 的雙導發熱電纜。此外，由於每個空間的地面需求溫度皆有些微差異，可按照需求根據電纜線的密度來決定溫度高低，密度越高，溫度越高，電量需求也越高。舉例來說，作為商空岩盤浴使用，可選用 6cm 的電纜密度，讓溫度保持在 40 度以上；如果是家用浴室，可選用 8cm 的電纜密度，讓溫度維持在 38 度左右；而對於客餐廳等需要久待的場所，會用 10cm 的電纜密度，將溫度控制在 30 ～ 35 度左右即可。

大理石、磁磚地暖工程流程

STEP 01　確認使用空間、地板材料。

▼

STEP 02　由地暖廠商規劃後，與設計師討論施工配合事項。

▼

STEP 03　在圖面上，標示電量要求，需要 220V 的電壓與專用迴路／含漏電斷路器，確保電箱空間與電量足夠；若不足夠，則需要增加電箱位置或電容量，如都無法調整的話則建議刪除部分區域。

▼

STEP 04　確定施工範圍與使用電纜長度。

▼

地暖工程

STEP 05 自牆面開關面板處預留電源與套管至地板。

STEP 06 清潔地面，鋪設斷熱層。

STEP 07 鋪設玻璃纖維網。

STEP 08 按圖面範圍與間距施工鋪設電纜。

STEP 09 施工安全保護裝置限溫器，並於銅套管內放置感溫線頭。

STEP 10 通電前檢測電纜的電阻歐姆值是否與出廠一致。

STEP 11 通電前檢測電纜的絕緣電阻值是否高於100MΩ以上。

STEP 12 通電後檢測電纜的安培數值是否與出廠一致。

STEP 13 通電後發熱電纜是否都有正常發熱。

STEP 14 現場使用紅外線熱顯儀與客戶確認範圍並驗收。

STEP 15 後續進行泥作鋪設地板材質（大理石或磁磚）。

STEP 16 安裝地暖面板。

> ### 💬 地暖工程 Tips
>
> 如果選用大理石當作地板材質，由於完成面的高度會影響地面的溫度與導熱時間，所以完成高度包含表面材必須要在 7cm 以內，才不會影響傳導時間與發熱效果。

大理石、磁磚地暖工程 Check List

確認	點檢項目
☐	施工前要求現場地面平整與淨空。
☐	確認現場完成高度要小於 7cm（包含表面材）。
☐	安裝前電纜線要測電阻歐姆值是否正常。
☐	確認現場家配有無調整，是否按圖施工。
☐	做完後，先接電源開關。
☐	通電發熱後，測試發熱電纜是否達到 35 度以上。
☐	現場使用紅外線熱顯儀與客戶確認範圍並驗收。
☐	利用高阻計檢查絕緣電阻值，確認是否漏電。
☐	搭配漏電斷路器保護，不僅使用更安全，還能避免觸電風險。
☐	後續泥作施工注意，禁止釘鞋、獨輪車、攪拌泥沙器具直接接觸地暖線。

地暖工程

Part 16
玻璃工程

　　玻璃工程不僅涉及窗戶上的安裝，任何室內空間中運用到玻璃的地方都可歸類為玻璃工程的範疇。一般人對玻璃的印象通常是透明、易碎、危險的，似乎不太適合在居家空間大量使用。然而，實際上，在室內設計中，只要運用得當，同時採取必要的安全措施和防護細節，玻璃能為居家生活帶來實用與裝飾效果。

　　在裝潢工程中，玻璃施工屬於後段工序。由於經過強化加工的玻璃可能無法再進行切割、打磨等動作，因此在進行施工前必須精心設計規劃。不論是裁切、打磨還是洗孔，這些工序都需要在強化工序之前完成，所有的動作在工廠完成後，再運送至裝潢現場進行裝設，以確保工程的順利進行。

玻璃隔間

　　由於玻璃經過強化工序後就無法再做任何切割，因此須先規劃好尺寸、洗孔位置等；裝潢施工現場應在確定隔間牆位置後，在天花板預製凹槽，確實固定隔間玻璃避免脫落；玻璃工程著重完工後的視覺美感，且因為屬於易碎材質，因此施工雖不如其他工程繁複、困難，但過程中仍應細心謹慎，以確保完成品美觀且沒有任何損傷。

玻璃隔間工程流程

STEP 01　事前確認施工處電梯空間大小，確定玻璃安裝是否須做分割計劃。

▼

STEP 02　確認設計尺寸及開孔位置後，進行切割、洗孔。

▼

STEP 03　隔牆轉折斷面，若有規劃裁切斷面修飾、導角，須預先做好。

▼

STEP 04　所有加工完成後，進行玻璃強化工序。

▼

STEP 05　天花板做凹槽，在玻璃隔間牆位置製作約深度至少 1cm 的凹槽。

▼

STEP 06　有框架隔間在組立好框架後，凹槽做在框架上，或以檔板固定玻璃。

玻璃工程

💬 玻璃隔間工程 Tips

確認隔間玻璃厚度，反推計算凹槽所需寬度。凹槽寬度要比玻璃厚度寬約 1～2mm，以便將玻璃嵌入凹槽。時間一久，會因矽利康硬化黏著度不夠而鬆脫、晃動，因此製作凹槽卡住玻璃，確保未來若矽利康硬化，隔牆發生搖晃，也不至於有立即危險。

玻璃隔間 Check List

確認	點檢項目
☐	尺寸是否正確。
☐	表面是否有破損。
☐	厚度是否正確。
☐	完工後有無刮痕、刮傷、氣泡。
☐	可於邊角處確認強化標記。
☐	凹槽深度有無確實。
☐	按壓隔牆是否會晃動。
☐	注意整體與邊角完整性。
☐	避免尖銳物品刮擦。

裝飾面材

　　玻璃除了應用於隔牆、門窗外，同時也可作為裝飾素材，替空間營造出時尚、現代感等不同風格。一般在做好設計後，使用矽利康將玻璃黏於底材並做收邊，由於著重完成面美感表現，還可以光邊或斜邊做收邊，藉此加強設計感與裝飾性。矽利康雖然黏著力極強，但底材表面過於光滑會影響黏著力，而設計中若有鐵件、鏡面材質，則不適用酸性矽利康，因酸性具腐蝕性，會讓鐵件生鏽，鏡面反黑，使用時應注意黏著劑的挑選。

裝飾面材工程流程

STEP 01　做好裁切施工規劃。

▼

STEP 02　先確認修飾斷面方式，斷面修飾方式不同，費用也不同，因此須確認後再做施工。

▼

STEP 03　進行裁切斷面的打磨施工。

▼

STEP 04　在底材打上矽利康，並將裝飾面材黏貼上去。

▼

STEP 05　以矽利康黏著後，建議等待約 1 天時間讓它完全乾燥。

💬 裝飾面材工程 Tips

當玻璃裝飾面材黏貼於天花時，須同時使用矽利康和快乾膠，快乾膠可瞬間
快速黏著，才能避免在等待矽利康乾燥時面材掉落，最安全的作法是另外以
支架頂住，直到矽利康完全乾燥。

裝飾面材 Check List

確認	點檢項目
☐	確認有無刮痕。
☐	注意壁面維持水平。
☐	矽利康收邊有無筆直。
☐	黏貼是否確實。
☐	注意厚度。
☐	是否加保護漆防止水銀脫落。

Part 17
壁紙工程

　　壁紙施工簡易、又可快速為室內變裝，是歐美常見的室內壁面建材。早年大眾因擔心海島型氣候導致室內濕氣重，易使壁紙脫膠及縮短使用年限等問題，但在越來越注重環境舒適健康與空調設備普及後，壁紙也逐漸受到歡迎。壁紙必須貼附在底牆基材上，因此，貼壁紙前的牆面清理動作是絕對不能忽略的，如果是水泥牆面上有剝落粉塵、凹凸不平、或是壁癌、發霉等狀況，要事先處理，若是板材類的牆面則要將接縫以 AB 膠補平，以免影響壁紙完成的外觀。此外，在壁紙上塗覆黏著劑的動作也是關鍵，必須確實塗平、塗滿，並且小心溢膠狀況，唯有均勻上膠才能讓壁紙貼得更平整。

壁紙工程流程

STEP 01 準備工具。

▼

STEP 02 仔細清理,並批土至牆面平整。

▼

STEP 03 如果要貼在夾板類材料上,要特別注意接縫處需以 AB 膠補平。

▼

STEP 04 先丈量需貼壁紙的牆面高度和寬度,並以壁紙幅寬為準,在牆上先做定位記號。

▼

STEP 05 依照測量的牆面寬度先計算出需要的壁紙張數,再以高度來裁切壁紙。

▼

STEP 06 請注意在裁切時需在上下各多留 2 ~ 5cm 以利黏貼施作,也就是牆面高度加上 4 ~ 10cm。

▼

STEP 07 仔細在壁紙背面和牆面塗覆黏著劑。

▼

STEP 08 塗好黏著劑的壁紙需靜置約 3 分鐘,讓紙張可充分吸收黏著劑,均勻吸飽黏著劑的壁紙也會比較好施作。

▼

STEP 09 將第一張壁紙沿著牆面或門框貼起,特別注意要抓直,同時上方需預留 2 ~ 5cm。

▼

STEP 10 在張貼時以刮板由中間向外側拭平,擠出氣泡或多餘的黏著劑。

▼

STEP 11 貼好第一張後，第二張壁紙除了要對花，還要對準垂直基準線。

▼

STEP 12 遇電源出線口要切開壁紙。

▼

STEP 13 將所有壁紙都貴完以後，就要開始做修邊的工作，切除多餘的壁紙頭尾。

▼

STEP 14 交接處以滾輪壓實，同時清除多餘黏著劑。

壁紙工程 Check List

確認	點檢項目
☐	檢視印刷面是否完整。
☐	壁紙是否有色差。
☐	確認壁紙耐磨度。
☐	施工前是否批土整平。
☐	施工前需拆卸插座面蓋。
☐	壁紙邊緣切割是否平整。
☐	壁紙接縫線是否過於明顯。
☐	牆面有無溢膠現象。
☐	牆面無任何膨起、起皺等瑕疵。
☐	牆色無脫色或不當磨損。
☐	接縫、轉角是否貼黏牢靠。

Part 18
窗簾工程

　　窗簾工程通常是裝潢流程的最後步驟，而不是每扇窗戶都必須裝上窗簾，除非有顯著的隱私需求，不必急於做出決定。在購買和安裝窗簾之前，首先需要測量窗戶的尺寸。測量窗戶時應從最外緣開始，即需要將窗框納入測量範圍。以一般半腰窗為例，窗簾應在窗戶上下延伸 5 ～ 15cm，左右則建議延伸 10 ～ 15cm 為最佳。如果是落地窗，建議窗簾底部應高於地面 12cm，以確保窗簾看起來挺直，同時減少沾染地面灰塵的可能性。窗簾盒是由木作師傅製作，在窗戶上方類似盒子的小空間，可以將窗簾軌道、周邊管線、窗簾五金配件隱藏起來，以達到視覺整齊效果。此外，窗簾盒的尺寸也會影響安裝窗簾的工法與窗簾的類型選擇，但若是選用窗簾桿則不適用於窗簾盒。

窗簾工程流程

確認需要施做窗簾的區域。

▼

確認窗緣結構水平垂直狀況，準確丈量窗戶四邊尺寸。

▼

STEP 03 決定遮蔽區域大小＝窗簾尺寸。

▼

STEP 04 挑選喜歡的窗簾品項。

▼

STEP 05 選擇安裝窗簾的方式（窗簾桿或窗簾盒）。

▼

STEP 06 若選擇使用窗簾盒，則須考慮窗簾及含窗紗的厚度，請木工製作窗簾盒。

▼

STEP 07 將軌道藏於窗簾盒內。

▼

STEP 08 若選擇使用窗簾桿，則須測量鎖架位置。

▼

STEP 09 在做記號的牆面上鑽孔，同時清除粉塵。

▼

STEP 10 安裝軌道，並安置窗簾桿。

▼

STEP 11 掛上窗簾，同時調整窗簾位置。

💬 窗簾工程 Tips

窗簾盒的尺寸對窗簾工程有深遠的影響，包括窗簾軌道、窗簾桿等五金的隱藏等方面。建議窗簾盒的高度至少應達到 10cm，以確保有足夠的空間隱藏相關五金配件。另外，為了保持美觀，建議窗簾盒的寬度在左右各延伸15cm 以上，並避免與窗戶齊平，以方便在安裝時隱藏五金配件。

窗簾工程 Check List

確認	點檢項目
☐	注意窗戶的遮光需求丈量尺寸。
☐	確認窗台平整度。
☐	考慮窗簾盒的深度。
☐	是否確認窗簾編號、材質，價格可能有很大差異。
☐	確認車縫線是否有接線情況。
☐	檢查壓收邊是否內縮，是否有車布邊的動作，否則可能產生毛邊線。
☐	確認接布處是否有對花、對色以及布走向是否一致。
☐	挑選布樣時是否已確認幅寬（長）足以製作整窗造型。
☐	確認鎖軌道是固定在結構體上，以避免載重與收拉時脫落。
☐	布長或寬是否保留 5～10cm 作為遮光處理，以避免出現餘光。
☐	木作盒是否預留足夠的深度放置多層軌道，例如窗簾＋窗紗。
☐	拉繩是否保留適當的長度，拉力強度是否足夠。
☐	檢查窗簾墜飾、收邊是否平整，車線與布色是否一致。
☐	木製窗簾是否已做乾燥或防潮處理，以避免變形和褪色。
☐	安裝時應避免手髒汙染，碰觸壁面及窗布面可能影響美觀。
☐	地面、牆面是否已做好防護措施，以免工班使用梯子時造成木地板凹凸或磁磚刮痕。
☐	鑽固定孔時是否有使用吸塵器吸除灰塵。
☐	確認窗簾是否收拉容易。
☐	注意相鄰的兩片羅馬簾縫隙不可過大。

Part 19
清潔工程

　　由於清潔工程主要在清理空間裡的灰塵跟餘留下來的雜物及垃圾，因此大多在泥作及木工退場，地板工程完成後，但窗簾、傢具、佈置工程等尚未進場前，請人來清理現場。一般來說，分為粗清與細清，所謂的「粗清」，指的就是設計師或工頭將現場的施工廢料（指施工時所產生的廢料，並非拆除工程的櫃料等），以及現場的粉塵，像是因為高壓噴漆帶來的白色粉末灰塵、鋁窗或泥作施工時的水泥泥塊、現場保護板的清除，只要現場看得到的表面粉塵，像是地板、櫃子表面等等，用掃把或雞毛撢子清乾淨而已，一般稱為粗清。有的粗清甚至還包括請發財車或小貨車來清運已整理或打包的廢棄物。至於「細清」的部分，則必須利用一些專業的工具打掃，像是專業的抹布、吸塵器、拖把等等，而清理的範圍，除了表面看得到的地方外，甚至門窗、紗窗、櫥櫃內部的抽屜、五金、溝縫……等等，全部擦拭清潔，則為細清。

清潔工程流程

STEP 01　從全室的天花板開始除塵。

▼

STEP 02　處理牆面及櫃面的除塵清潔工作。

▼

STEP 03　處理施工過程中的殘膠、塗料汙點及水泥塊的沾黏。

▼

STEP 04　清理地面,做第一階段的除塵工作。

▼

STEP 05　窗框、玻璃、窗溝及紗窗的清理。

▼

STEP 06　利用玻璃刮刀及專業清潔劑,清理房子內所有反射鏡面。

▼

STEP 07　利用清潔劑做全室處理,包括磁磚、浴缸、洗手檯及馬桶等衛浴設備。

▼

STEP 08　依地板材質(石材地板、木質地板及塑膠地板)清潔地面。

▼

STEP 09　清潔大門門框、門板、玻璃,同時上油,讓門的開闔較為順手。

▼

STEP 10　清潔全室櫥櫃,主要針對抽屜、層板、門板及把手五金的清理。

▼

STEP 11　全新空調設備會做外表擦拭,若是空調為現場原有的設備,則會清理內部濾網。

▼

STEP 12　清潔全室按鍵開關及插座、冷氣出風口、燈飾……等等。

清潔工程 Check List

確認	點檢項目
☐	是否因清潔方式不當造成裝潢損傷。
☐	櫃體內外層板、書桌抽屜內的粉塵有無擦拭乾淨。
☐	傢具、裝潢上的塗料汙點有無清理乾淨。
☐	窗戶溝槽、磁磚邊條有無汙漬未清理。
☐	照明與燈具是否清除乾淨。
☐	檢查全室天花板、牆面、地面、門片、門板。
☐	戶外空間的排水溝槽、地板是否仍有粉塵殘留。

Part 20
驗收交屋

装修後的驗收，著重於外觀、用料、工法，以及是否按圖施工。驗收之前，一定要了解案子各個項目流程，才不會有所遺漏。驗收交屋過程中，業主可以自備便利貼或智慧型手機記錄需要修補的瑕疵，並與設計師討論改善方法。

有些設計公司甚至會在裝修過程中進行分階段驗收同時提供驗收紀錄，以避免後期重做的困擾。驗收交屋時，應列出需要驗收的項目，並對照估價單查核實際材料、品牌及數量，妥善保存所有合約文件和施工照片，以便日後解決爭議。驗收時別著急，可以多花點時間，針對逐項工程及每個空間做好驗收。

驗收交屋流程

STEP 01 準備驗收工具。

▼

STEP 02 拿出設計圖確認各工程項目。

▼

STEP 03 檢查材料、品牌、數量。

▼

STEP 04 檢查天花板、壁面、地面。

▼

STEP 05 檢查門窗是否能順暢開啟。

▼

STEP 06 供電測試。

▼

STEP 07 水龍頭及馬桶的供水及排水狀況、漏水滲水檢視、水壓檢查。

▼

STEP 08 檢查五金。

▼

STEP 09 列出缺失，請設計師改善。

▼

STEP 10 驗收完成，保固期開始計算。

驗收交屋 Check List

確認	點檢項目
☐	驗收時以「估價單」對照實際材料、品牌及數量是不是如估價單上所寫。
☐	帶「便利貼、相機和量尺」紀錄，可以便利貼標記，或用相機記錄。

☐	確認木作項目的位置、尺寸和外表處理。
☐	檢視櫃體類型的木作內部和銜接處。
☐	確認地板是否平整且無異常聲響。
☐	檢查壁紙的完整度和黏貼情況。
☐	驗收地磚或壁磚的平整度和牢固度。
☐	測試浴室地面的洩水坡度。
☐	檢查開關和插座的位置和數量。
☐	測試供電、供水和排水狀況。
☐	檢查門窗的外觀和使用順暢度。
☐	測試並確認大門的貓眼或自動電子鎖。
☐	觀察所有傢具電器的外觀、功能和位置。
☐	仔細檢查屋內的管道如下水道、水龍頭和淋浴間的排水道。
☐	驗收時將家中的電器與電燈打開,檢查線路是否有問題。
☐	檢查門扇有無損毀或汙漬,開關門扇,測試是否順暢,門把有沒有鬆動。
☐	驗收時要注意牆面是否平整、有無裂縫,檢查壁紙是否服貼,有無小氣泡或撕裂的情況。
☐	在自然光下檢查整體塗料顏色是否一致無色差,注意上塗料處是否平整無瑕疵。
☐	檢查塗料沒有因為粉刷過度而產生皺皮、反白或起泡等現象。
☐	驗收木工,檢視造型、轉角、結構、拼花、縫隙等處。
☐	驗收磁磚,檢視磁磚要平且角度要準確、無破損,並在磁磚地面倒水測試,檢視是否有積水情形。
☐	驗收完後,先將驗收不通過的部分列出,再請設計師或工班過來,確認改善的方法及責任歸屬。

專業諮詢

- 水電媽媽
- 泥作阿鴻
- 實踐大學室內設計講師 劉宜維

- 隱作設計

  電話：0911-647-128
  地址：台北市中山區合江街 188 巷 7 號 1 樓

- 五陽地暖

  電話：02-2713-9992
  地址：台北市中山區龍江路 155 巷 15 號 1 樓

- 台灣防潮科技股份有限公司

  電話：02-2755-4545
  地址：台北市大安區仁愛路三段 5 巷 1 弄 16 號

SOLUTION 156

裝修監工驗收一本通：工序步驟 SOP×Check List 檢核確認

作　　者｜i室設圈｜漂亮家居編輯部
責任編輯｜陳顗如
封面設計｜莊佳芳
美術設計｜Joseph
編輯助理｜劉婕柔

發 行 人｜何飛鵬
總 經 理｜李淑霞
社　　長｜林孟葦
總 編 輯｜張麗寶
內容總監｜楊宜倩
叢書主編｜許嘉芬
出　　版｜城邦文化事業股份有限公司 麥浩斯出版
地　　址｜104臺北市中山區民生東路二段141號8樓
電　　話｜（02）2500-7578
傳　　真｜（02）2500-1916
E-mail｜cs@myhomelife.com.tw
發　　行｜英屬蓋曼群島商家庭傳媒股份有限公司城邦分公司
地　　址｜104臺北市中山區民生東路二段141號2樓
讀者服務專線｜（02）2500-7397；0800-020-299（週一至週五上午09:30～12:00；下午01:30～05:00）
讀者服務傳真｜（02）2578-9337
E-mail｜service@cite.com.tw
訂購專線｜0800-020-299（週一至週五上午09:30～12:00；下午01:30～05:00）
劃撥帳號｜1983-3516
劃撥戶名｜英屬蓋曼群島商家庭傳媒股份有限公司城邦分公司

香港發行｜城邦（香港）出版集團有限公司
地　　址｜香港灣仔駱克道193號東超商業中心1樓
電　　話｜852-2508-6231
傳　　真｜852-2578-9337
E-mail｜hkcite@biznetvigator.com

馬新發行｜城邦（馬新）出版集團 Cite(M) Sdn.Bhd.
地　　址｜41, Jalan Radin Anum,Bandar Baru Sri Petaling,
　　　　　57000 Kuala Lumpur, Malaysia
電　　話｜603-9056-3833
傳　　真｜603-9057-6622
E-mail｜service@cite.my

製版印刷｜凱林彩印股份有限公司
出版日期｜2023年12月初版一刷
定　　價｜新臺幣450元
Printed in Taiwan　著作權所有・翻印必究
（缺頁或破損請寄回更換）

國家圖書館出版品預行編目 (CIP) 資料

裝修監工驗收一本通：工序步驟SOP×Check List檢
核確認 / i室設圈｜漂亮家居編輯部作. -- 初版. -- 臺
北市：城邦文化事業股份有限公司麥浩斯出版：英
屬蓋曼群島商家庭傳媒股份有限公司城邦分公司發
行, 2023.12
面；　公分. -- (Solution；156)
ISBN 978-986-408-994-9（平裝）

1.房屋 2.室內設計 3.建築物維修 4.施工管理

422.9　　　　　　　　　　　　　　112017186